KB184967

대관령 두메길

대관령 두메길

글 • 김효송 사진/코스 • 임찬호 편집 • 스포츠맵(주)

사단법인 대관령 두메길

서문

5년 전, 퇴직 후 코로나를 겪으며 시작하게 된 대관령살이에서 이제 막 태동하고 있는 대관령 두메길을 만난 것은 우리에게 매우 큰 행운이었다. 대관령살이 초보시절, 장님 코끼리 다리 만지듯 길잡이의 뒤를 따라다니며 하나씩 대관령에 대해 눈과 귀가 열리기 시작했고 대관령의 매력에 푹 빠지게 되었다. 그 무렵 들은 대관령 분지를 둘러싼 지명에 얽혀 전해 내려오는 이야기들과 '대관령은 천하지천년 賤下地千年 귀하지천년 貴下地千年 이다.' 라는 말이 몇 년이 흘러 대관령을 알게 된 지금까지 줄곧 귀에 쟁쟁거리며 머리 속에서 떠나지 않았다.

평창군과 강릉시의 경계면에 있는 고개로 영서와 영동을 나누는 분수계를 이루는 대관령은 해발고도 832m, 고개의 총 연장길이가 13km로 고개의 굽이가 아흔 아홉 개에 이를 정도의 긴 구간이다. 그 일대는 황병산, 선자령, 발왕산 등에 둘러 싸여 있어, 우리나라에서는 드물게 고원 분지의 지형을 이루고 있다. 이로 인해 대관령은 원래 백두대간 태백산맥의 한 고개를 가리키는 말이지만 이 일대를 포괄하는 지명으로도 사용되어 오고 있다.

한국에서 가장 먼저 서리가 내리는 지역으로 가장 추운 1월의 평균 기온이 영하 6.9도, 가장 더운 7월의 평균 기온이 19.7도로 겨울에는 춥고 여름에는 시원한 편이며 겨울철에는 서쪽에서 불어오는 시베리아 기단의 지풍과 북동기류가 태백산맥에 부딪혀 눈이 많이 내리는 대표 장소로 꼽힌다. 한랭 다습하고 일교차가 굉장히 커서 고랭지 채소 및 씨감자의 주산지이며 목축업이 발달해 있고, 연중 바람이 강하여 대규모 풍력 발전 단지가 들어서 있기도 하다.

사람이 살기에 가장 적합하다는 해발 700~1,000m 고도의 대관령은 확 트인 고위 평탄면의 지형을 이루고 있어 맑고 깨끗한 공기, 아름다운 자연환경과 환상적인 눈꽃 트레킹 코스 등 천혜의 관광 자원을 두루두루 갖추고 있는 숨은 보석으로 급부상하고 있다. 특히 해발 1,400m에 이르는 대관령면 일대 고원분지의 둘레길과 바다를 조망하면서 백두대간을 오르는 능선길인 삼양라운드힐(구. 삼양목장)과 하늘목장을 잇는 고원의 초원길 등은 한국의 알프스라고 할 수 있을 만큼 사계절 내내 이국적인 풍광을 자랑한다.

'천하지천년 賤下地千年 귀하지천년 貴下地池千年'
(대관령은 사람이 살지 못하는 천년이 지나고 나면 사람들이 제일 살고 싶어하는 천년이 시작된다.)
1970년대 이전 1000년의 대관령이 겨울의 혹독한 추위와 농사 환경이 열악하여 사람 살 곳이 못되는 곳이었다면, 앞으로 1000년은 모든 사람들이 살고 싶어하는 곳이 된다는 것이다.
실제로 용평리조트가 설립된 이후 45년 만에 동계올림픽 개최 장소가 되면서, 대관령은 이제 많은 사람들에게 여름철에는 모기와 열대야가 없는 고랭지 특유의 서늘한 피서지로, 겨울철에는 스키와 눈꽃 트레킹을 즐길 수 있는 휴양지로 각광을 받고 있다. 최근 지구 온난화로 인해 여름철 폭염이 심해지면서 세컨하우스 수요가 급속도로 증가하고 있어서 예로부터 전해져 내려오는' 천하지천년 귀하지천년'이 그야말로 현실로 다가오고 있는 것이다.

대관령을 그 누구보다 아끼고 사랑하는 김영교 초대 회장님과 김남국 부회장님, 여러 이사님들과 회원들의 열성으로 1,459m의 발왕산을 비롯하여 대관령 분지를 둘러싸고 있는 14개의 1,000m 이상인 봉우리를 대관령 14좌라 명명하고 이 14좌를 잇는 대관령 두메길을 완성하였고, 2021년 사단법인화하였다.

예부터 전해 내려오는 지명에 얽힌 이야기와 지형의 특성을 코스와 연계하여 크게 구름길, 하늘길, 장군의 길, 왕의 길, 평화의 길 다섯 구간으로 구분한 200키로의 대관령 두메길은 국내에 잘 알려진 제주 올레길이나 가장 아름다운 세계 3대 트레킹 코스 중 하나라고 하는 뉴질랜드 밀포드 트랙에 견줄만한 특색을 가지고 있다. 특히 1,000m의 능선에서 바다를 조망하며 고위 평탄한 초원을 걸을 수 있는 트레킹 길은 세계 유수의 평화와 힐링과 치유의 트랙으로 거듭날 것이라 믿는다.

이제 제법 맑아진 눈과 귀로 대관령의 사계와 바람, 이국적인 풍광을 즐기게 되었고 알면 알수록 매력적인 대관령을 조금이라도 더 알리고 싶어 마음이 늘 분주했었다. 우리가 4년여 동안 곳곳을 직접 발로 걸으며 알게 된 대관령을 이렇게 책으로 엮어 그동안 가슴 벅차게 누려온 대관령을 많은 이들에게 소개할 수 있게 되어 기쁘다.

아울러 책이 되어 나오기까지 내용과 사진, 문구 등을 꼼꼼하고 면밀하게 검토해 주신 이용숙 교수님께 깊은 감사를 드린다.

임찬호 / 김효송

인사말

대관령 두메길 추진위원회에서 시작된 사단법인 대관령 두메길에서는 200여회에 걸친 수요산행과 정기산행으로 대관령면 일대의 가장 특색 있는 트레킹 코스 탐사를 완료하였고, 대관령의 아름다운 풍광을 담은 가이드북을 제작하게 되었습니다.

대관령 두메길 트레킹 가이드북은 강원특별자치도가 추진하는 아시아의 스위스와 같은 산악관광 거점도시로 대관령면이 발전하는 것에 크게 기여할 것입니다.

해발 700~1,000m 고도인 대관령 두메길은 인체의 생체리듬과 호흡에 가장 좋다고 알려져 있으며, 울창한 숲길을 걷는 트레킹은 주민들의 건강증진에도 큰 도움이 될 것입니다.

특히 자연 그대로가 아름답고 두메산골의 정취가 남아 있는 자연을 보호하는 것과 이를 즐기고자 하는 주민들의 열망이 조화를 이룰 수 있도록, 사단법인 산하 동아리 가이드의 탐방 안내를 적극 활용해 주시기 바랍니다.

또한, [사]대관령 두메길이 추구하는 가치와 활동에 적극적인 관심을 부탁드립니다.

사단법인 대관령 두메길 제2대 회장 김동환

축사

반갑습니다. 강원특별자치도지사 김진태입니다.

'대관령 두메길 가이드북' 발간을 진심으로 축하드립니다.

먼저, 지역의 발전과 관광 활성화에 항상 앞장 서주시고 대관령 두메길을 널리 알릴 수 있도록 가이드북 발간에 애써주신 (사)대관령두메길 관계자 여러분께 깊은 감사와 격려의 인사를 드립니다.

대관령은 '한국의 알프스'라고 불릴 만큼 수려한 경관과 천혜의 자연환경을 자랑하는 우리 도의 대표 관광 명소입니다. 봄에는 갖가지 야생화와 여름에는 푸르른 초원 가을에는 화려한 단풍 겨울에는 눈 덮인 설경까지, 사계절 내내 다른 매력을 선사합니다.

특히 대관령 두메길은 대관령의 해발 1,000m 이상인 14개 봉우리를 연결하는 둘레길로 대관령의 다채로운 매력을 만끽할 수 있는 곳입니다. 두메길을 걷다 보면, 청정 자연을 느끼며 곳곳에 숨겨진 대관령의 비경은 물론 동해까지 내려다 보이는 아름다운 풍광을 즐길 수 있을 것입니다.

'대관령 두메길 가이드북'에는 대관령 두메길의 자세한 코스 안내와 함께 역사 문화 자연 관련 정보가 풍부하게 담겨 있습니다. 이 가이드북이 두메길을 찾는 사람들을 위한 길잡이 역할을 톡톡히 해주기를 바라며, 대관령 두메길이 더욱 발전하고 나아가 강원특별자치도의 대표 둘레길로 거듭나는 계기가 되기를 기대하겠습니다.

다시 한번 '대관령 두메길 가이드북' 발간을 축하드리고 발간에 힘써 주신 모든 분의 건강과 행복을 기원합니다. 감사합니다.

강원특별자치도지사 김진태

축사

「대관령 두메길 가이드북」 발간을 진심으로 축하합니다.

발간에 이르기까지 고생하신 (사)대관령 두메길 관계자 모든 분들에게 진심으로 감사드립니다.

'대관령 두메길'은 자연의 아름다움과 특별한 매력이 있다는 말로는 부족한 곳입니다.

푸른 하늘과 맑고 청량한 공기, 사계절마다 제각각의 모습을 뽐내는 다채로운 숲 등 대관령면 외곽, 14개의 봉우리를 연결하는 약 200km의 둘레길을 걷다 보면 마치 한국의 알프스를 여행하는 것이 아닌가 싶을 정도로 비경이 즐비합니다.

'강원도의 보물'이라고 해도 무색하지 않을 이곳이, 이번에 발간되는 「대관령 두메길 가이드북」에 정말 생생하게 잘 정리되어 있습니다. 특히, 5개 구간의 둘레길과 17개의 지선, 총 23개 구간, 200km에 이르는 트레일 코스는 최대한 자연이 보존된 상태로 개발되었다고 합니다.

편안한 마음으로 천혜의 자연을 즐기고 싶으신 분, 때로는 힘겨운 도전을 통한 성취감을 원하시는 분 등 오시는 목적에 따라 다양한 매력을 경험하실 수 있을 것입니다.

다시 한번 가이드북 발간을 축하 드리며 대관령 역사와 아름다운 자연이 강원특별자치도 관광 산업 발전에도 크게 기여하기를 소망합니다. 감사합니다.

강원특별자치도 홍천·횡성·영월·평창 국회의원 유상범

축사

「대관령 두메길 가이드북」 출간을 진심으로 축하드립니다.
또한 귀중한 안내서 제작을 위해 오랜 기간 탐사와 검증, 감수를 거치는 과정에서 혼신의 힘을 쏟으신 '대관령 두메길' 관계자 여러분들의 노고에 깊은 찬사를 보냅니다.
대관령에는 산이 있고, 초원이 있고, 바다가 있습니다.
대관령에서는 하늘이 가깝고, 자연이 가깝고, 사람이 가깝습니다
대관령 길은 단순한 길이 아니고 자연과 자연을, 자연과 사람을, 사람과 사람을 잇는 이 지역의 핏줄이고 숨결입니다.
길을 따라 숲과 호흡할 수 있고, 동해 수평선과 노을 물든 지평선, 안개 걸친 산의 파도를 감상할 수 있습니다. 또한 마음과 사람, 그리고 동물과 식물을 만나 일상의 무게를 가벼이 할 수 있습니다.
「대관령 두메길 가이드북」은 단지 길 안내 책자가 아니라, 하늘 아래 첫 동네 대관령의 가치와 품격을 널리 알리고 국가휴양지, 치유지로서 'happy700'의 고장 평창 대관령을 국민 모두가 찾고 싶은 고장으로 이끄는 안내서가 될 것으로 기대합니다.
다시 한번, 책자 출간을 축하드리며, '대관령 두메길' 법인 가족 여러분들께 감사 드립니다.

평창군수 심재국

목차

18 **대관령 두메길 지도**

20 **대관령 두메길 14좌 현황**

22 **대관령 두메길 외선별 현황**

24 **구름길** 발왕산-옥녀봉-고루포기산-능경봉-대관령휴게소

64 **하늘길** 대관령휴게소-소황병산/황병산

82 **장군의 길** 소황병산/황병산-숫돌골

92 **왕의 길** 숫돌골-바랑재(구, 고려궁)

100 **평화의 길** 바랑재(구, 고려궁)-발왕산

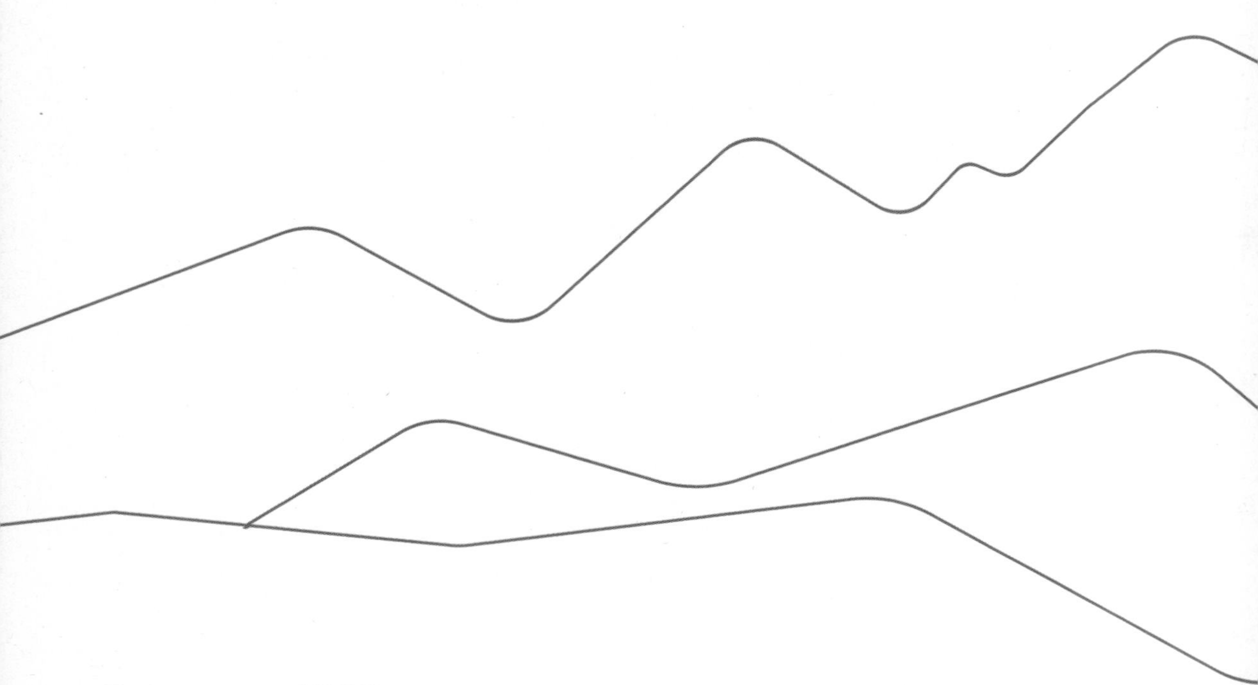

110 **대관령 두메길 지선별 현황**

112 구름길 지선

114 오목골-체험학교

122 지르메산-고루포기산

128 국민의 숲/음악(치유)의 숲

142 제왕산길-대관령옛길

150 올림픽트레일(대관령휴게소-지르메마을)

156 하늘길 지선

158 보부상길

166 사파리목장-소황병산

176 매봉-소황병산

188 선자령

198 하늘채-사브랑골

208 장군의 길 지선

210 노인봉

220 개자니골

228 장군바위산

234 병내리

242 왕의 길 지선

244 된봉

250 칼산 1

258 칼산 2 (인형박물관)

264 평화의 길 지선

266 달판재

274 용산 1

282 용산 2

대관령
두메길
지도

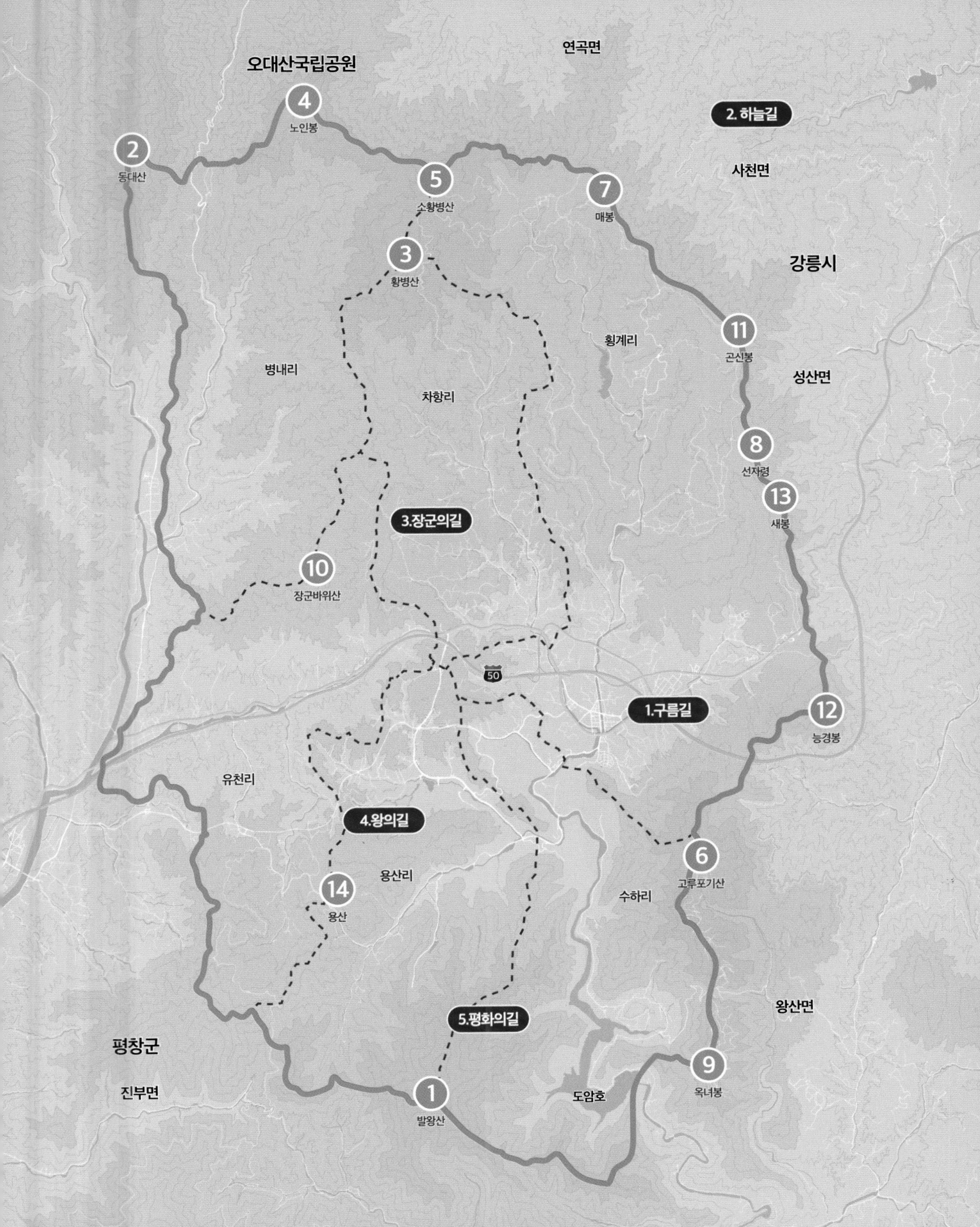

오대산국립공원
연곡면
2. 하늘길
사천면
강릉시
성산면
왕산면
평창군
진부면
4
노인봉
2
동대산
5
소황병산
7
매봉
3
황병산
11
곤신봉
8
선자령
13
새봉
10
장군바위산
12
능경봉
6
고루포기산
14
용산
9
옥녀봉
1
발왕산
병내리
차항리
횡계리
3.장군의길
1.구름길
50
유천리
4.왕의길
용산리
수하리
5.평화의길
도암호

대관령 두메길 14좌 현황

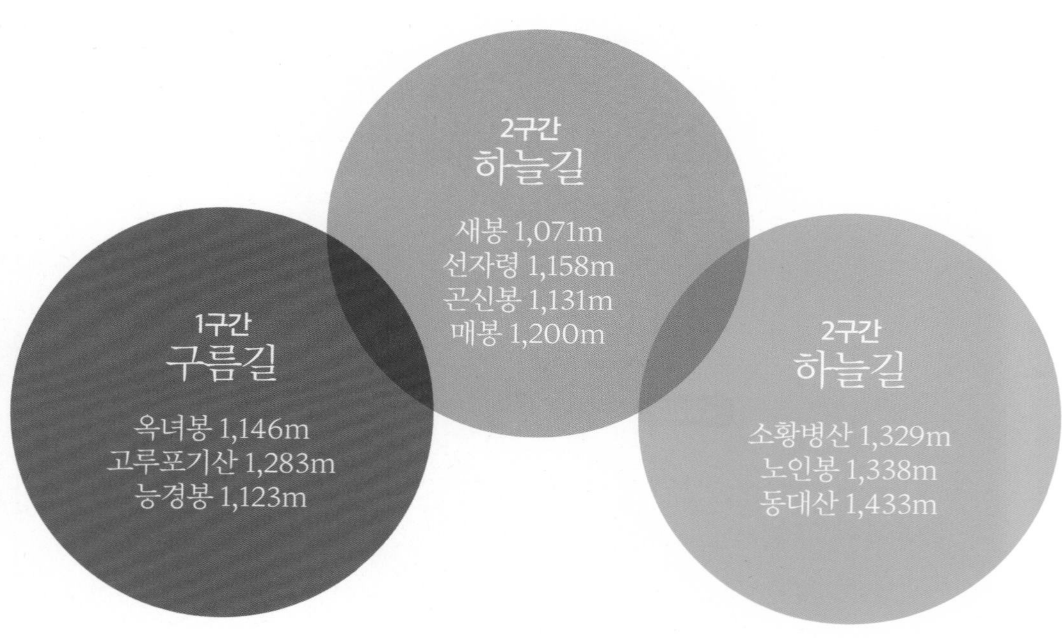

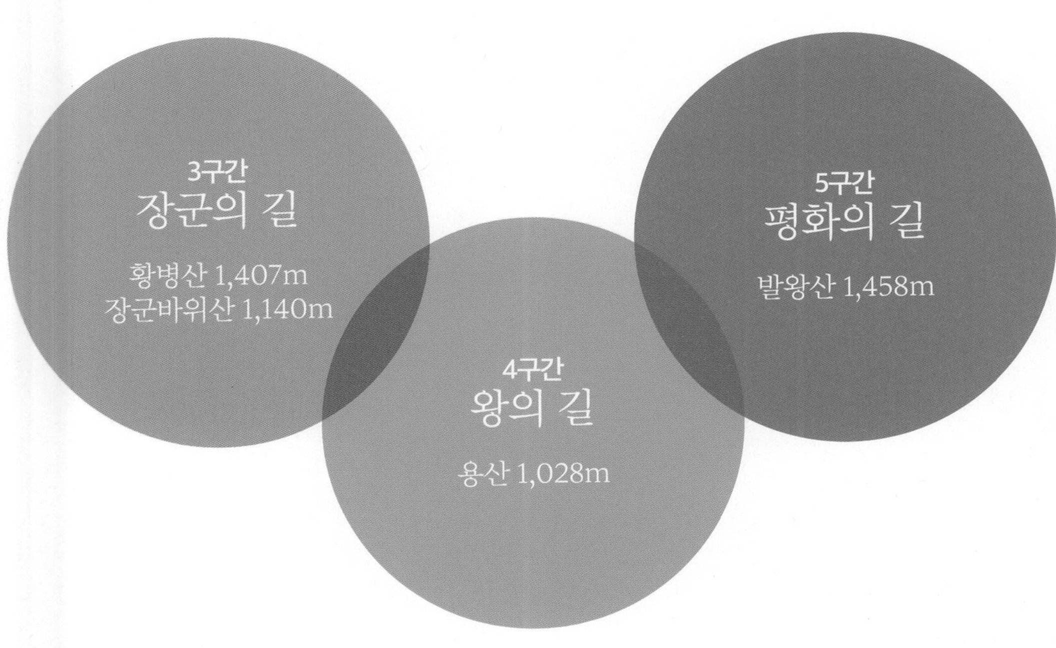
3구간
장군의 길
황병산 1,407m
장군바위산 1,140m
4구간
왕의 길
용산 1,028m
5구간
평화의 길
발왕산 1,458m

대관령 두메길 외선별 현황

구름길	발왕산~옥녀봉(안반데기)~고루포기산~능경봉~대관령휴게소
하늘길	대관령휴게소~소황병산/황병산
장군의 길	소황병산/황병산~숫돌골
왕의 길	숫돌골~바랑재(구. 고려궁)
평화의 길	바랑재(구. 고려궁)~발왕산

구름길

발왕산 - 옥녀봉 - 고루포기산 - 능경봉 - 대관령휴게소

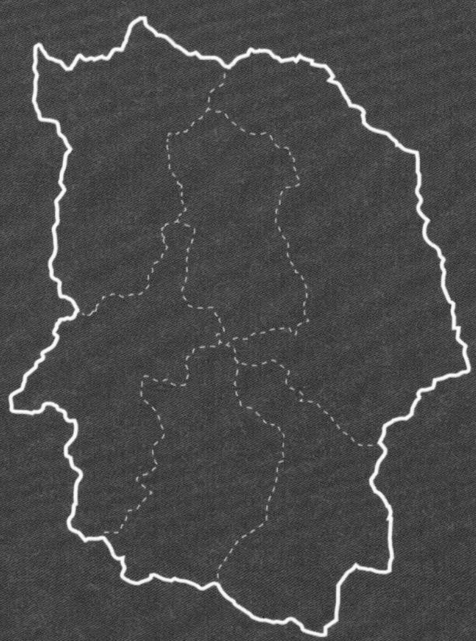

소황병산에서 바라본 삼양라운드힐과 동해바다

발왕산 -
바람부리

위치

- 강원 평창군 대관령면 용산리 산142
 (발왕산)
- 강원 강릉시 왕산면 대기리 1892-2
 (바람부리마을)

거리 및 시간

9.7km, 총 소요시간 8 - 9시간

코스 난이도

준비물

코스

관광곤돌라 탑승장(드래곤 프라자) -> 드레곤 캐슬 ->발왕산 정상 -> 바람부리 마을[9.7km]

교통편

용평리조트에 주차하고 관광곤돌라 탑승 후 정상부에 있는 드래곤 캐슬에서부터 산행이 시작되고 도착지와 출발지가 달라서 산행이 종료되면 바람부리에서 카카오택시나 콜택시를 이용하여 출발지인 용평리조트로 돌아와야한다.(횡계 콜택시 033-335-5596)

용평리조트 내의 드래곤플라자 관광케이블카 탑승장에서 우리나라 최장의 케이블카를 타고 발왕산 드래곤캐슬까지 20분이 소요된다. 곤돌라 하차장에서 위층으로 오르면 만나게 되는 발왕산 모나파크의 스카이워크 전망대에서 산과 구름 너머로 멀리는 동해바다와 가까이는 레인보우슬로프 등 발왕산 주변의 멋진 풍광을 조망할 수 있는데, 특히 겨울철 설경이 아름다워 찾는 사람들이 많은 곳이므로 꼭 들러 보는 것이 좋다.

1,459m 발왕산 정상으로 이어지는 구간은 추운 겨울 바람에 핀 상고대가 숨막히게 아름다워 스카이워크에서 발왕산 정상까지만 왕복하는 30분 정도의 가벼운 겨울철 트레킹 코스로도 인기가 있다.

발왕산 정상석을 지나 바랑재(구, 고려궁) 방향으로 약 200m 정도 내려가면서 좌측 방향의 대관령 두메길 노란 리본을 확인하고 왼쪽 숲속으로 진입하여 본격적인 산행이 시작된다.
바람부리로 내려가는 코스는 전문적인 약초꾼 이외에는 보통 등산객이 잘 다니지 않는 숲길이어서 대관령 두메길에서 제공하는 트랭글 산행앱의 따라가기를 잘 활용하거나 대관령 두메길의 노란 리본을 확인하면서 걸어야 한다.

1,458m 정상에서 해발 680여 m의 바람부리까지 내리막 구간은 후반부 급경사도 있지만 중반부 능선에서 산기슭의 도암호를 볼 수 있어 지루하지 않게 하산할 수 있다.

다소 긴 코스여서 산행 출발 시간을 되도록 빨리 해야 여유를 가지고 안전하게 산행할 수 있고 특히 후반부 1~2km 급경사 내리막 구간에서는 노란 리본을 잘 살펴야 도암댐 하단부 바람부리 마을까지 쉽게 진입할 수 있다.

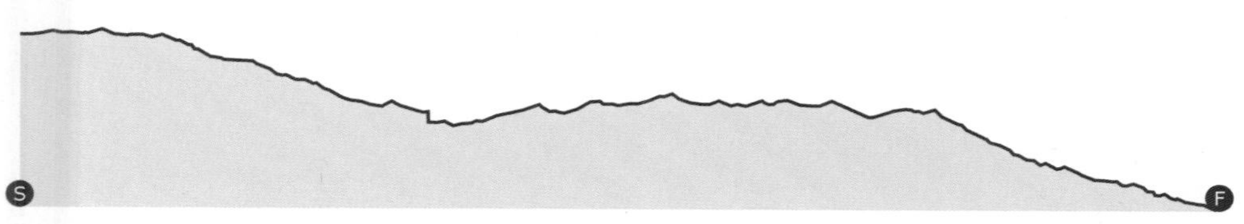

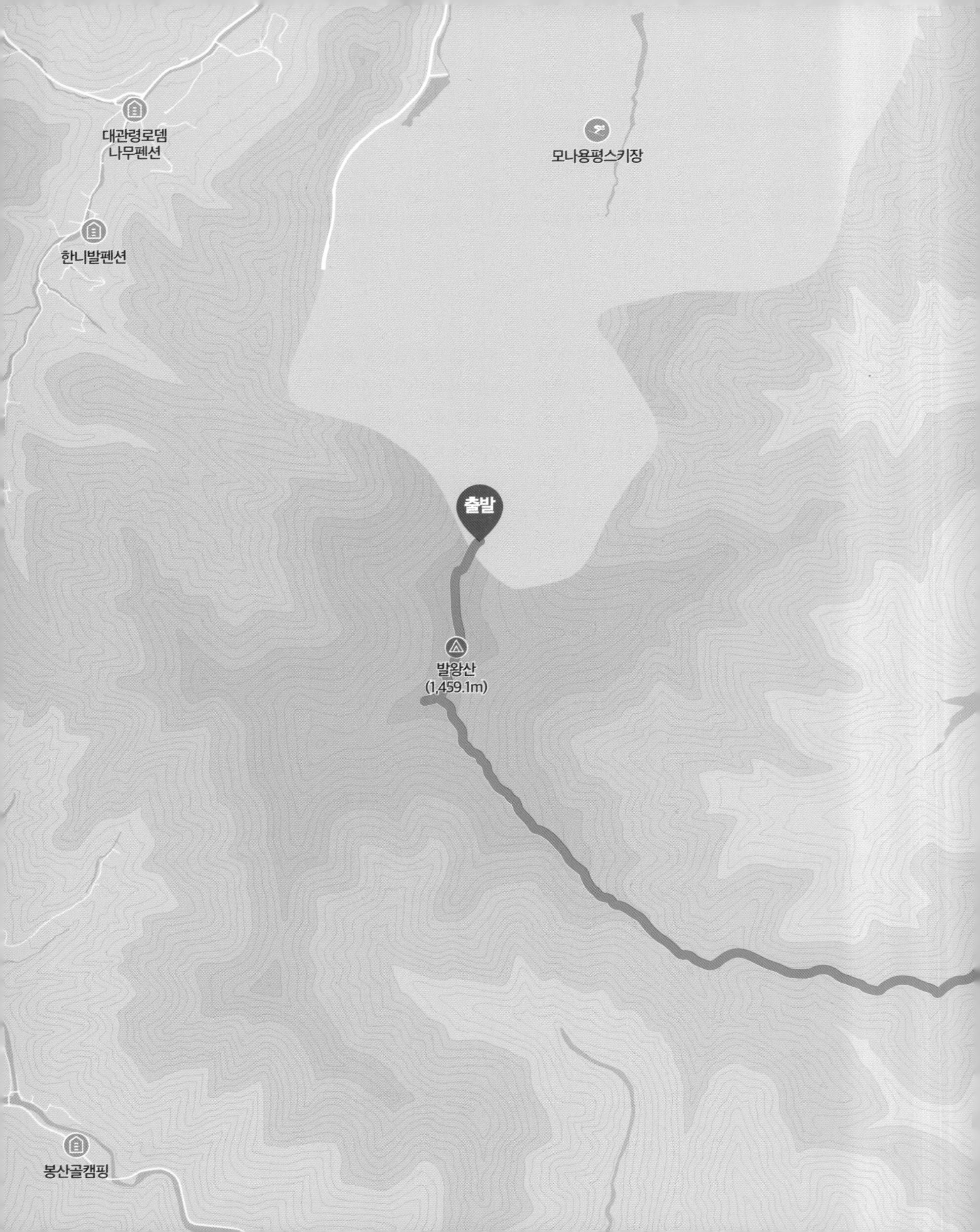
대관령로뎀
나무펜션
모나용평스키장
한니발펜션
출발
발왕산
(1,459.1m)
봉산골캠핑

수하리

버덩빌리지

하나녹원

풀향기펜션

옥녀봉
(1,146.2m)

안반데기
치유정원

도암호

바람부리
별밤캠핑장

도착

발왕산 곤돌라 탑승장과 스카이워크

발왕산 모나파크

중반부 능선에서 바라보이는 도암호

발왕산의 겨울 트레킹 모습

발왕산의 눈꽃

옥녀봉 (안반데기)

전국 최대규모의 고랭지 배추밭이 장관

위치
- 강원 강릉시 왕산면 대기리 2214-230 (피덕령/안반데기)
- 강원 평창군 대관령면 수하리 (옥녀봉)

거리 및 시간
9.7km, 총 소요시간 8 - 9시간

코스 난이도

준비물

코스

피덕령/안반데기→일출전망대→옥녀봉→피덕령/안반데기[3.9km]

교통편

출발지와 도착지가 동일하므로 피덕령/안반데기 주차장에 주차하고 출발하면 된다.

대관령면과 강릉의 경계인 피덕령/안반데기에서 출발하는 옥녀봉 코스는 1,000m가 넘는 완만한 지형의 경관을 보여주는 구간으로 옥녀봉 정상을 돌아 원점 회귀하는 아주 쉬운 초보 코스이다.

안반데기는 강원도 사투리로 이곳의 지형이 마치 떡메로 쌀을 치는 안반처럼 우묵한 형태로 되어, 고랭지 배추밭으로 유명한 곳이다.

1,100m의 '구름 위 마을', '구름도 쉬어 가는 마을'이라는 별명답게 고랭지 배추 수확기인 8월에는 발 아래 끝없이 펼쳐지는 배추밭이 장관을 이루며 고개를 들어 구릉을 올려다보면 마치 배추가 하늘에 떠 있는 듯한 진귀한 풍광이 이어져 저절로 탄성을 자아내게 된다.

겨울철에는 폭설로 인해 통행이 불가하여 고립되기도 하지만 드넓은 구릉이 온통 흰 눈으로 덮인 설경이 장관이어서 자연설을 즐기려는 일부 스키어들과 보더들의 흥미로운 놀이터일 뿐만 아니라 쉴새 없이 돌아가는 풍력 발전기를 배경으로 사진을 찍거나 자연 눈썰매장으로 변한 구릉의 언덕에서 엉덩이 썰매를 즐기는 사람들이 모여들어 겨울철 관광 명소로 급부상하고 있다.

특히 확 트인 구릉에는 인공광이 없어 그믐밤 별 보는 장소로도 유명한 이곳은 안반데기 주차장 앞 마을 주민들이 운영하는 카페안에 과거 화전민들의 발자취를 사진으로 전시하고 있어 차를 마시며 안반데기의 역사를 둘러볼 수 있다.

도암호에서 갈라지는 2.7km의 업힐 구간을 올라와 MTB를 타고 구릉을 오르내리는 재미가 있어 MTB 코스로도 인기가 있다

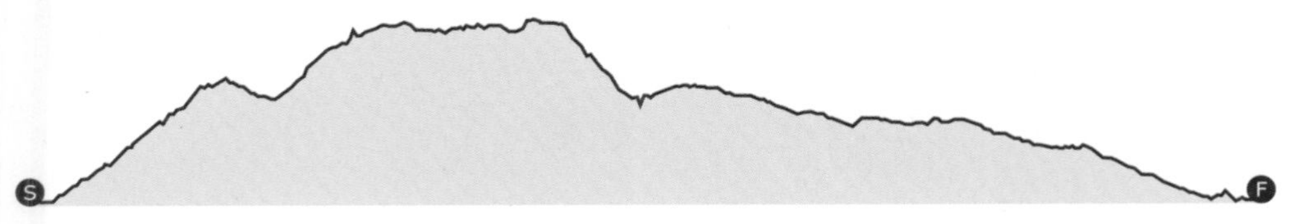

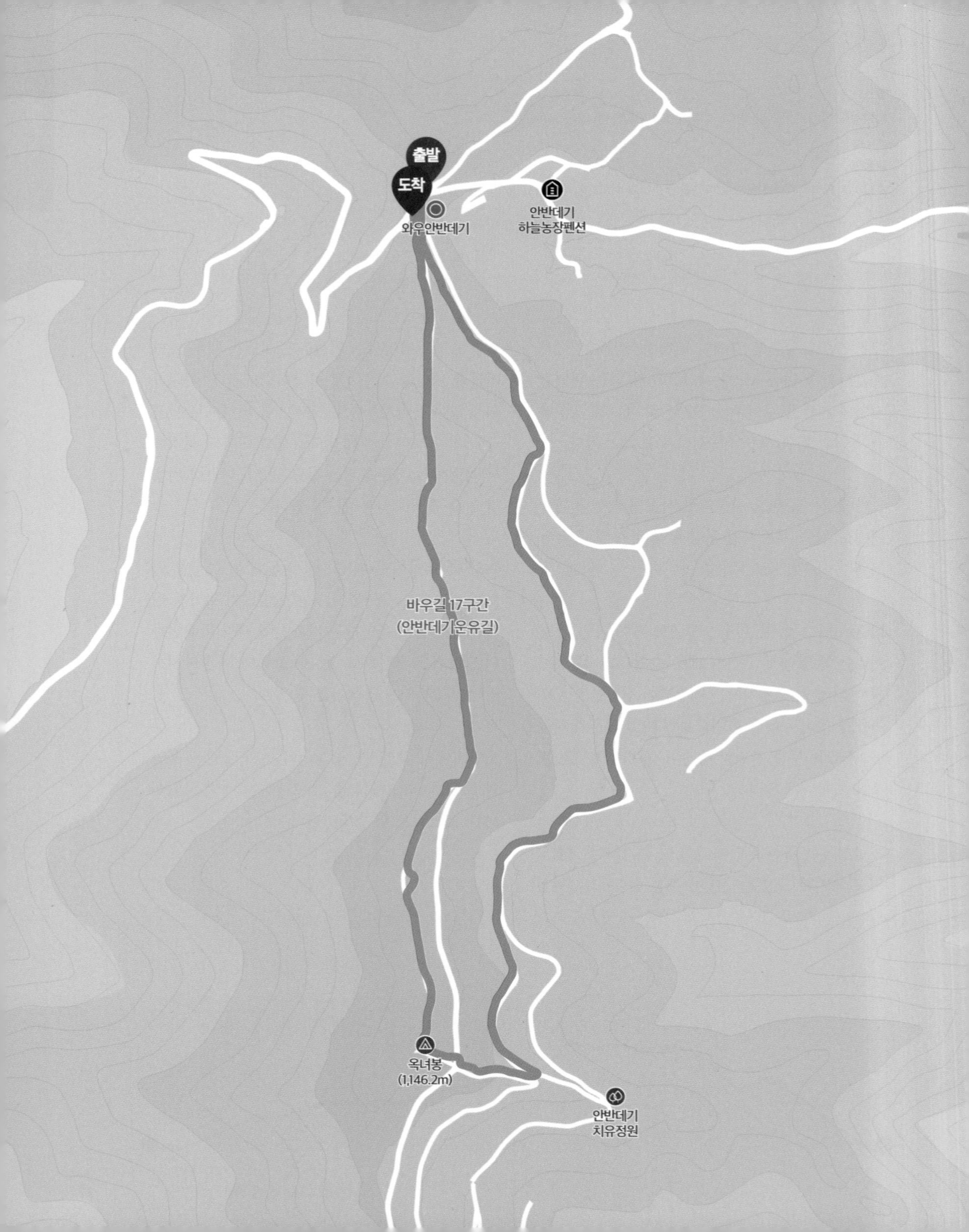

출발
도착
와우안반데기
안반데기
하늘농장펜션
바우길 17구간
(안반데기운유길)
옥녀봉
(1,146.2m)
안반데기
치유정원

안반데기의 여름

안반데기의 가을

안반데기에서의 일몰

안반데기의 봄

안반데기의 여름 안개

고랭지 배추 출하시기의 안반데기

안반데기의 설경

안반데기의 설경

산악자전거로 올라와 안반데기를 둘러보는 라이더

안반데기의 설경을 즐기는 사람들

풍력발전기와 어우러진 안반데기의 여름

안반데기에서 자연설을 즐기는 스노보더

피덕령-고루포기산

대관령일대와
백두대간 능선을
전망하는 구간

위치
- 강원 강릉시 왕산면 대기리 2214-230 (피덕령/안반데기)
- 강원 강릉시 왕산큰골길 233-42 (고루포기산)

거리 및 시간
12.5km, 총 소요시간 5~6시간

코스 난이도

준비물

코스

피덕령/안반데기→구)멍에전망대(0.8km)→고루포기산(4.3km)→피덕령(8,6km)

교통편

출발지와 도착지가 동일하므로 피덕령/안반데기 주차장에 주차하고 출발하면 된다.

이 구간은 백두대간의 일부 구간으로 피덕령/안반데기에서 고루포기산 정상까지 다녀오는 원점회귀 순환코스이다.

안반데기 정면에서 왼쪽의 구) 멍에 전망대 방향으로 오르는 이 길은 풍력 발전기와 고랭지 배추밭 사이사이를 걷는 매우 평이한 코스여서 남녀노소 누구나 쉽게 접근 가능하다.

이른 봄철에는 대관령면에서 내리는 비가 1,238m 고루포기산 정상에서는 얼음이 되어 크리스탈처럼 투명한 얼음 상고대를 만나는 진귀한 경험을 하기도 한다

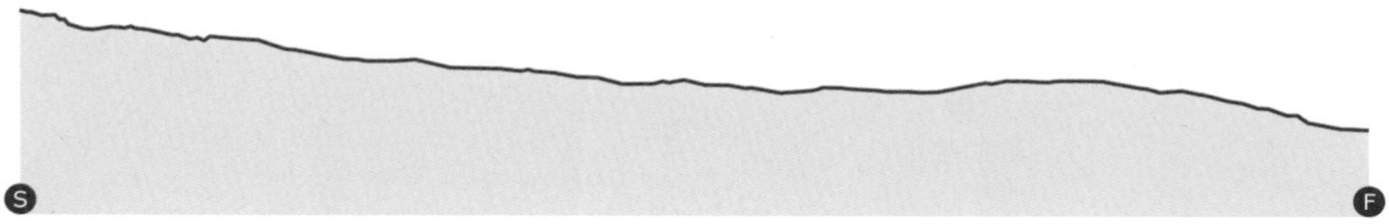

S

F

출발
고루포기산
(1,238.3m)
수하리
도착
안반데기
하늘농장펜션
버딩빌리지
하나녹원
풀향기펜션

고루포기산 부근에서 바라보는 안반데기 풍광

화전민들의 발자취인 구)멍에전망대

대관령 두메길 안내 표지인 노란 리본과 상고대

고루포기산 정상부근의 얼음 상고대

능경봉 - 고루포기산

국내 최고의
일출을 전망할 수
있는 구간

위치

- 강원 평창군 대관령면 경강로 5760 (대관령숲길안내센터)
- 강원 강릉시 왕산큰골길 233-42 (능경봉)
- 강원 강릉시 왕산큰골길 233-42 (고루포기산)
- 강원 평창군 대관령면 오목길 107 (라마다호텔)

거리 및 시간

10.6km, 총 소요시간 5~6시간

코스 난이도

준비물

코스

신재생에너지관→영동고속도로준공기념탑→능경봉 정상→행운의 돌탑→전망대→고루포기산 정상→라마다호텔(오목골) [10km

교통편

대관령휴게소 맞은편 신재생에너지관 주변에 주차가 가능하며 하산은 고루포기산 정상에서 오목골의 라마다호텔로 내려오게 되므로 카카오택시나 콜택시를 이용하여 출발지인 신재생에너지관으로 돌아와야 한다.
(횡계 콜택시 033-335-5596)

봄부터 여름까지 대관령에는 동남풍이 많이 불어온다. 동해에서 많은 습기를 머금은 동남풍은 구름길 구간의 백두대간을 넘을 때 서쪽의 서늘한 기운을 만나게 되는데 이때 많은 구름이 발생한다. 옥녀봉에서 능경봉에 이르는 북동방향의 능선으로 이어지는 구름길에 멋진 운해와 안개가 많은 이유이다.

정상부가 왕릉을 닮아서 이름 붙여진 능경봉과 고루포기산은 평창군의 명산이자 백두대간 줄기로 능경봉 정상에 올라서면 동해와 경포호를 왼쪽 발아래로 볼 수 있어 새해 맞이 일출 전망대로 유명하며 고루포기산 전망대에서는 대관령 최고봉인 발왕산과 대관령 시내를 한 눈에 조망할 수 있다.

대관령마을휴게소 맞은편 대관령숲길안내센터에서 1시간 정도면 능경봉 정상에 오를 수 있고 능경봉에서 고루포기산 정상으로 이어지는 후반부에 다소 경사는 있으나 누구나 쉽게 걸을 수 있는 구간이다. 하산은 고루포기산에서 오목골의 라마다 호텔로 이어지는데 하산 초반부 경사가 있는 편이나 대체로 완만한 길이다.

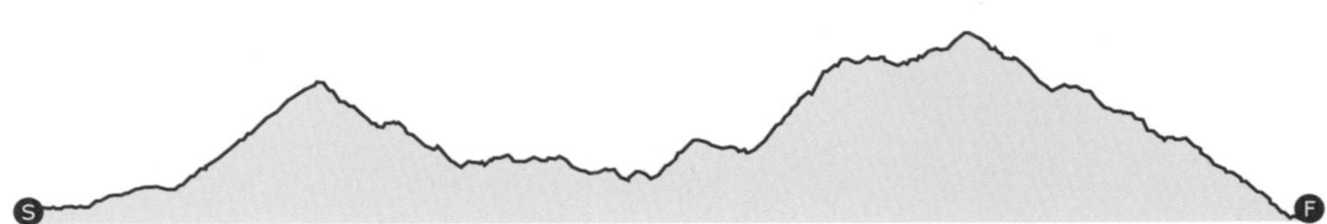

의야지바람
마을
소나무펜션
구름위의
테라스
르꼼떼블루
대관령
캠핑체험
구름물리
선도센터
횡계초등학교
힐탑아파트
50
올리브브띠끄
용평동보
아파트
솔바위로그
하우스
오목골
도착
라마다
호텔&스위트
고루포기산
(1,238.3m)

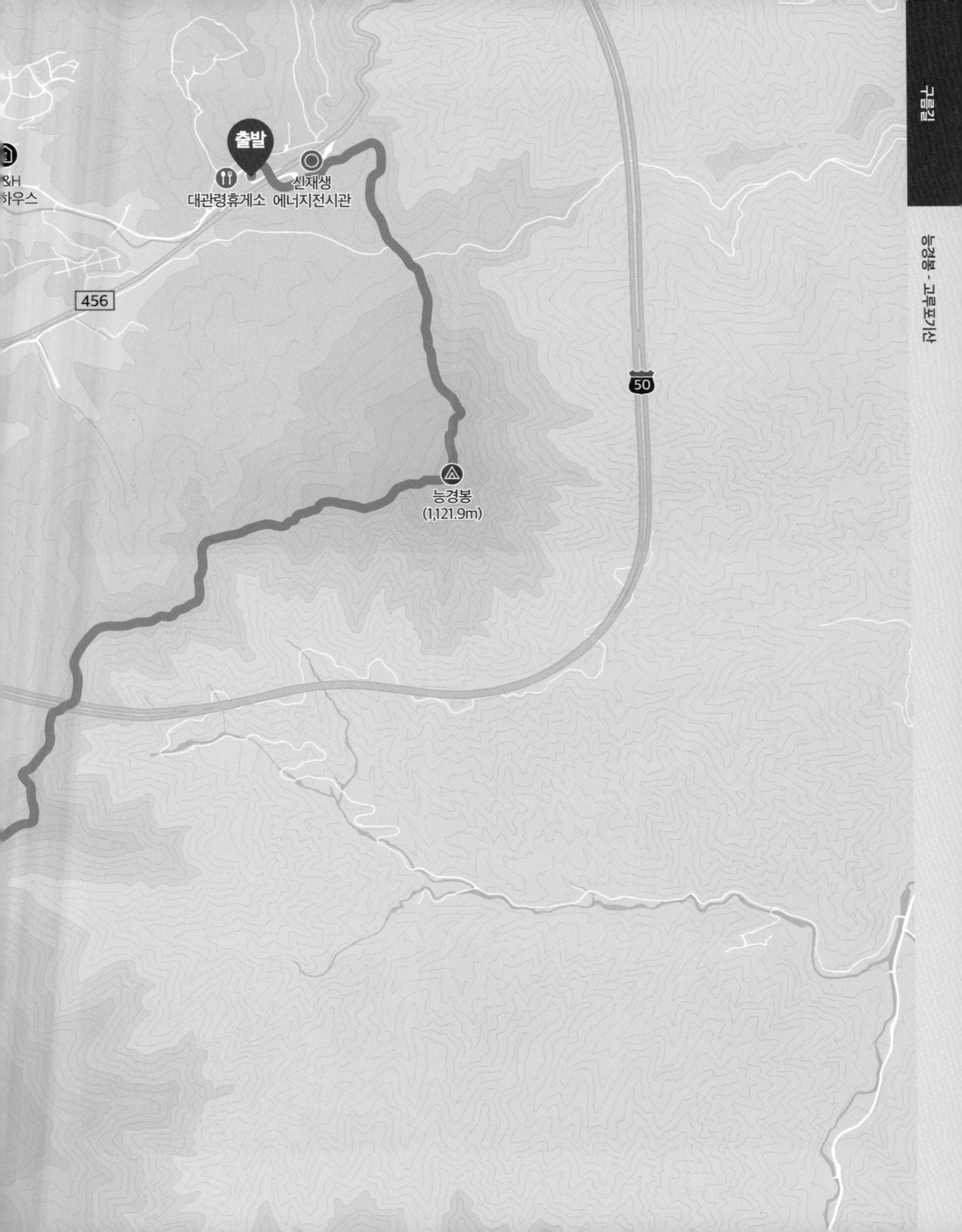
출발
대관령휴게소
신재생
에너지전시관
456
50
능경봉
(1,121.9m)

영동고속도로 준공기념탑

능경봉 정상

고루포기산 전망대에서 바라보는 대관령 풍광

하늘길

대관령 두메길 핵심, 비법정 탐방구간으로 국립공원공단의 사전 출입허가 및 가이드 동반 필수

소황병산에서 바라본 삼양라운드힐과 동해바다

Vestas

위치 강원 강릉시 연곡면 삼산리 산333 (소황병산) | 강원 강릉시 신왕리 산1 (매봉) | 강원 평창군 대관령면 횡계리 산1-136 (곤신봉)
강원 평창군 대관령면 횡계리 산1-134 (선자령) | 강원 평창군 대관령 마루길 527-35 (새봉)

거리 및 시간
19.5km,
총 소요시간 9~10시간

코스 난이도

준비물

대관령의 상징인 해발 1,000m 이상 고위 평탄면에 조성된 삼양라운드힐을 통과하는 하늘길은 대관령 두메길의 핵심구간이면서 가장 아름다운 길이다. 대관령마을휴게소에서 선자령을 거쳐 삼양라운드힐의 동해전망대로 이어지다가 백두대간인 매봉에서 소황병산에 이르는 19.5km의 가장 긴 구간이기도 하다. 이 구간 중 선자령까지는 누구나 자율 산행이 가능하지만 선자령에서 매봉으로 이어지는 초원지대는 삼양라운드힐과 산림청의 관리도로를 이용해야 하고 매봉에서 소황병산까지는 비법정 탐방구간이어서 반드시 사전 출입허가를 받아야하며, 대관령 두메길의 전문가이드를 동반해야 한다.

모데미풀, 복수초, 꿩의바람꽃, 얼레지, 노루귀, 은방울꽃 등 야생화가 지천으로 피는 4,5월과 고위평탄면 너른 목장 능선의 푸른 초지위로 고라니 등 야생동물이 뛰노는 여름, 끝없이 이어지는 들꽃길을 걸을 수 있는 가을, 온천지가 백색의 설경으로 뒤덮이는 겨울 등 1,000m 구릉이 푸른 하늘과 맞닿아 있는 듯한 장엄한 풍광을 자랑하는 이국적인 사계는 마치 신선의 세계에 들어와 있는 듯한 착각을 불러 일으킬 정도로 아름답다.

특히 구름의 끝자락 동해바다의 수평선과 힘차게 돌아가는 풍력발전기가 한데 어우러져 세계적인 산악도시인 프랑스의 샤모니, 스위스의 쩨르마트 못지않은 한국의 알프스라고 할 수 있는 매우 특별한 풍광을 연출하는 코스이다. 삼양라운드힐 너머로 동해바다가 발 아래 펼쳐지는 소황병산은 신년 일출맞이 장소로도 유명한 곳이다.

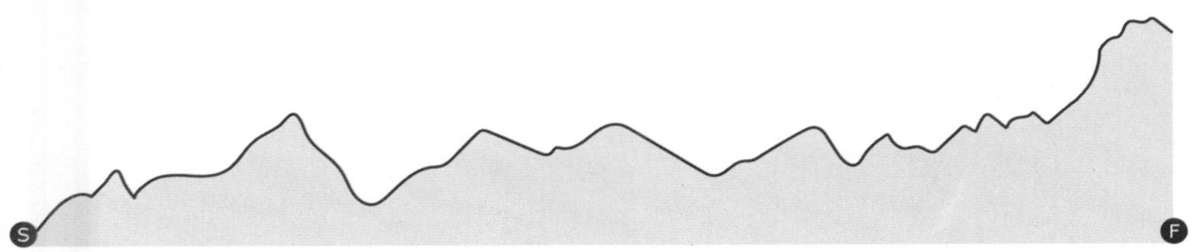

천마봉
(1,014.7m)
도착
통제구간
소황병산
(1,329m)
매봉
(1,173.4m)
황병산
(1,408.1m)
대궁산
(1,008.3m)
곤신봉
(1,135.1m)
삼양라운드힐
선자령
(1,157m)
차항리
횡계리
새봉
(1,059.5m)
감자꽃
사진촬영장
출발
대관령면
대관령
양떼목장

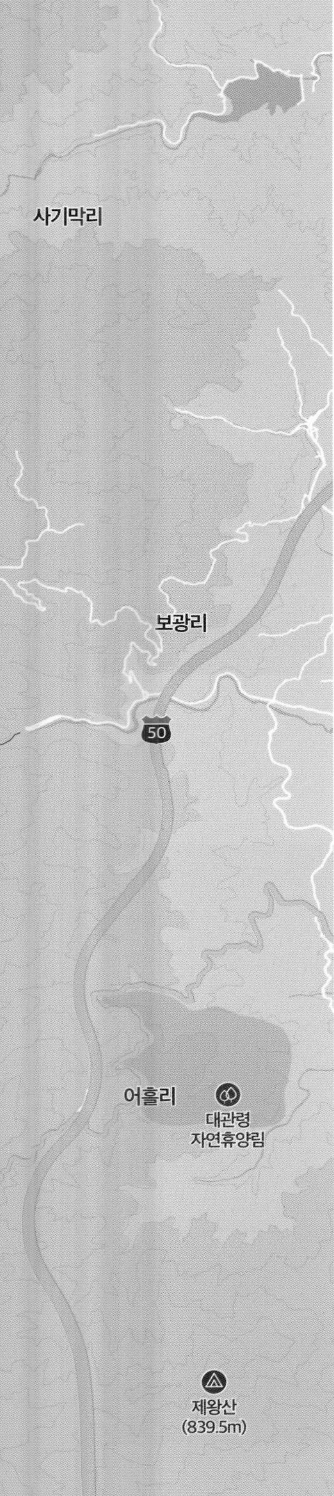

코스

대관령마을휴게소→국사성황당[1.8km]→전망대[3.2km]→선자령[5.8km]→곤신봉[8.8km]→삼양라운드힐 동해전망대[11.1km]→매봉[13.5km]→소황병산[19.5km]

교통편

산행 기점인 대관령마을휴게소에 주차하고 국사성황당 방향으로 진입해 선자령을 경유하여 소황병산까지 오르게 되는데 출발지와 도착지가 다르므로 소황병산에서 출발지인 대관령마을휴게소까지는 전문가이드 차량을 이용하여 돌아와야 한다.

삼양라운드힐

선자령에서 곤신봉 오르는 길

매봉 정상

곤신봉 정상

삼양라운드힐 초지 풍광

소황병산 정상

선자령 정상석

선자령 구간 설경

삼양라운드힐 오르는 길

소황병산의 일출

선자령 설경

노루귀

모데미풀

복수초

은방울꽃

꿩의바람꽃

얼레지꽃

장군의 길

일부구간 국립공원공단의 사전 출입허가 및 가이드 동반 필수, 하산 전용차량 이용 필수

위치 강원 평창군 대관령면 유천리 479-3 (숫돌골 입구) | 강원 평창군 대관령면 유천리 산1 (장군바위산)
강원 평창군 대관령면 차항리 604 (황병산)

거리 및 시간
13.6km,
총 소요 시간 7~8시간

코스 난이도

준비물

장군바위산은 평창군을 에워싸고 있는 북쪽의 오대산과 동쪽의 발왕산, 남쪽의 가리왕산 등 크고 작은 산들 중에 거의 막내에 해당되는 산이다. 유천리 숫돌골 대원사 입구에서 산행이 시작되며 밭 사이사이 농로를 따라올라 장군바위 정상을 안내하는 이정표를 지나고 좌측의 좁은 임도를 따라 위로 오르면 오른쪽에 산길로 접어드는 이정표를 만나게 되는데, 이곳부터 대관령 두메길의 노란 리본을 따라가면 장군바위를 지나 산 정상까지 오르게 된다.

장군바위 바로 옆 정상으로 가는 길목에는 로프를 잡고 내려가야 하는 약 4~5m의 내리막 바위 구간이 있어서 이곳에 설치된 로프를 잘 잡고 조심해서 내려가야 한다.

장군바위산 정상까지는 숲 길을 걷는 코스이므로 누구나 자율산행이 가능하지만 이후부터 황병산 정상 군부대까지 오르는 황병지맥 코스는 사전에 국립공원관리공단의 출입 허가와 대관령 두메길 전문가이드의 지원을 받아야 한다.

황병산에는 서쪽에 있는 장군바위산의 장군이 거느리는 장졸들이 황색 군복을 입고 주둔하고 있다가 잠자고 있던 장군이 깨어나면 장군을 따라 진군하여 새로운 나라를 일으킨다는 전설이 있다.

지금은 산 정상에 공군레이더 기지가 있고, 공군의 여름 복장이 황색 제복이어서 지명대로 황색 복장을 한 병사들의 주둔지가 되어 있다.

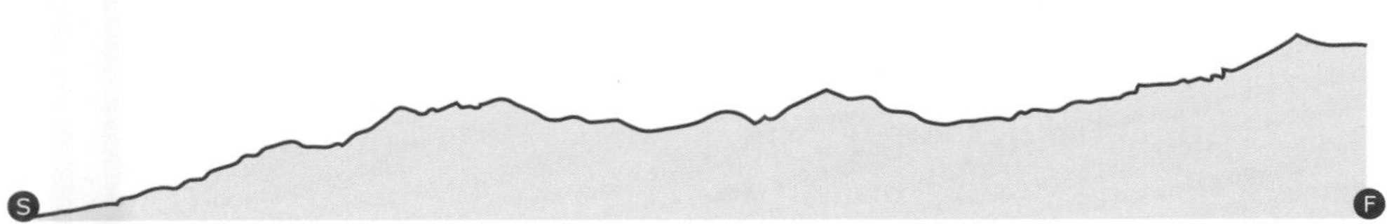

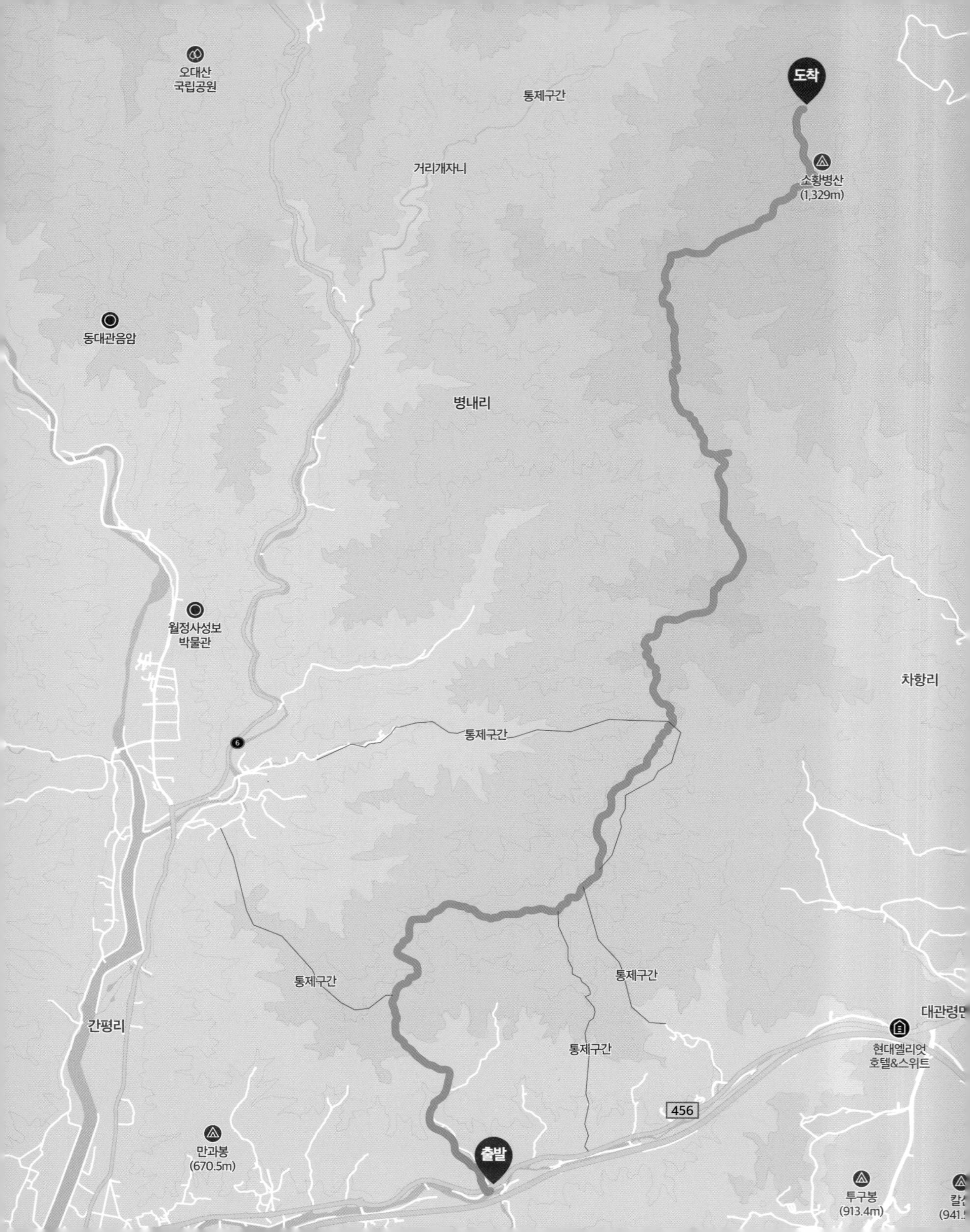

오대산
국립공원
통제구간
도착
거리개자니
소황병산
(1,329m)
동대관음암
병내리
월정사성보
박물관
차항리
6
통제구간
통제구간
통제구간
대관령면
간평리
현대엘리엇
호텔&스위트
통제구간
456
만과봉
(670.5m)
출발
투구봉
(913.4m)

코스

숫돌골→임도삼거리(대원사갈림길)[1.0km]→간평/병내리갈림길[2.1km]→장군바위 [3.5km]→대원사갈림길 [3.8km]→장군바위산 정상[4.2km]→서녘골삼거리 [9.2km] →황병산 정상, 공군부대 [13.6km]

교통편

대관령에서 진부로 내려가는 싸리재 고개 아래에 있는 유천리 숫돌골 대원사 입구에 주차한 후 산행이 시작되며 출발지와 도착지가 다른 곳에서 산행이 종료되어 황병산 공군부대에서 사전에 출입 허가된 전용차량으로 하산해야 한다.

장군바위 삼거리

대원사입구 삼거리

간평병내리

장군바위정상

장군바위

황병산 정상의 일몰

왕의 길 | 파노라마 전망이 일품

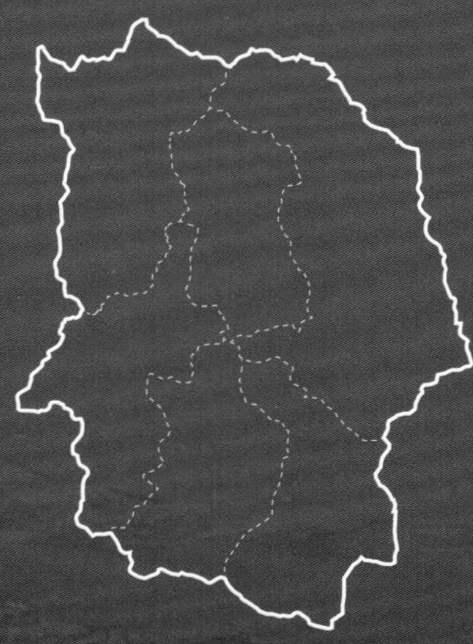

매산 임도에서 바라본 대관령 풍광

위치 강원 평창군 대관령면 용산리 (바랑재 구/고려궁) | 강원 평창군 대관령면 유천리 479-3 (숫돌골 입구)

거리 및 시간
15.9km,
총 소요시간 5~6시간

코스 난이도

준비물

전설에 의하면 장군바위산에서 천년 동안 누워 잠자던 장군이 투구봉에서 투구를 쓰고 칼산에 올라 검을 들고 군사들을 이끌고 용산을 넘어 발왕산으로 올라가 왕이 되는데 왕의 길은 이 과정의 중요한 길목이다.

매산 임도를 경유해서 대관령면의 용산과 발왕산의 시원하게 펼쳐지는 파노라마를 조망하며 걷는 멋진 코스로, 된덕재와 반장골을 경유하여 숫돌골까지 연결된다. 바랑재(구, 고려궁)에서 매산 임도에 이르는 초입부와 후반부를 제외하면 전체적으로 넓은 임도로 되어있어 하절기에는 산악 자전거 코스로도 인기가 있고, 겨울철에는 자연설 크로스컨트리도 즐길 수 있는 평이한 코스이다

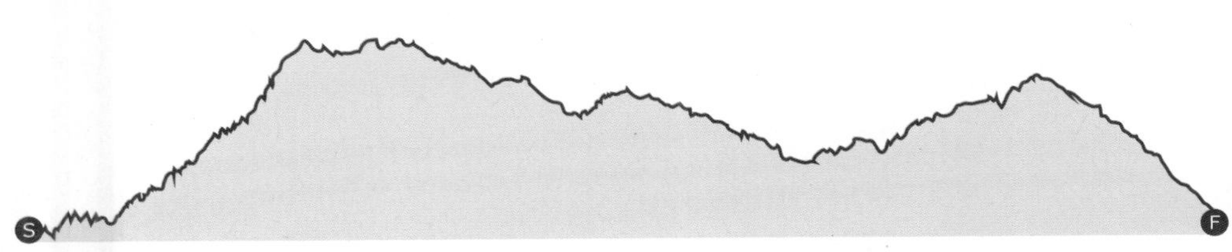

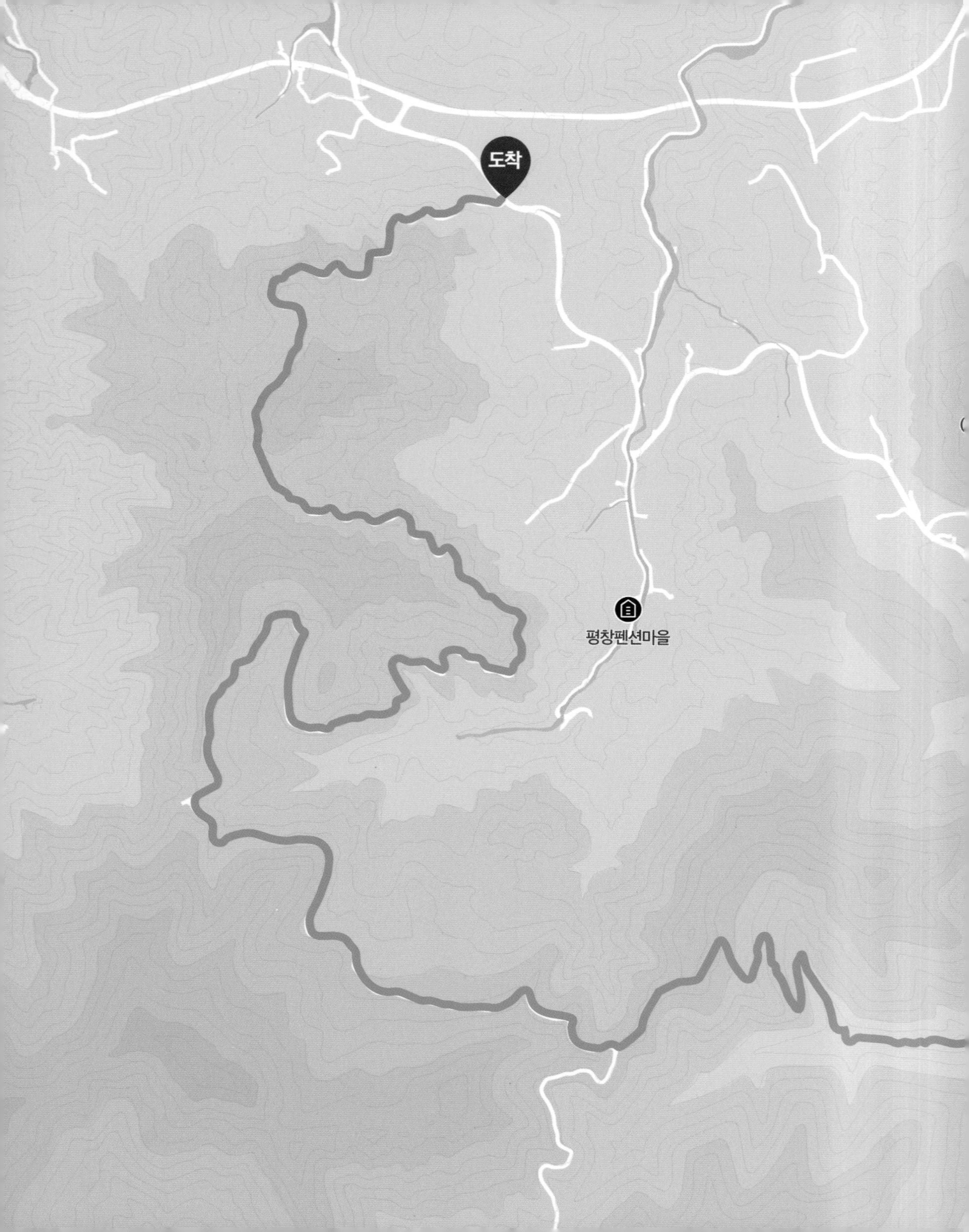
도착
평창펜션마을

코스

바랑재(구. 고려궁)→매산임도교차점[2.8km]→매산임도구간→된덕재[10.9km]→반장골 구간 →숫돌골 [15.9km]

교통편

용평리조트를 지나 바랑재(구. 고려궁)으로 들어가는 길목에 주차하고 출발해 오른쪽 밭길
대관령 두메길
노란리본을 확인하고 밭고랑 사이 계곡길로 올라 매산임도를 거쳐 숫돌골에서 산행 종료 후 택시를 타고 출발지로 복귀하거나 반장골을 생략하고 된덕재에서 택시를 타고 돌아와도 된다. (횡계 콜택시 033-335-5596)

매산 임도길

평화의 길 | 대관령 14좌 중 제1봉 발왕산

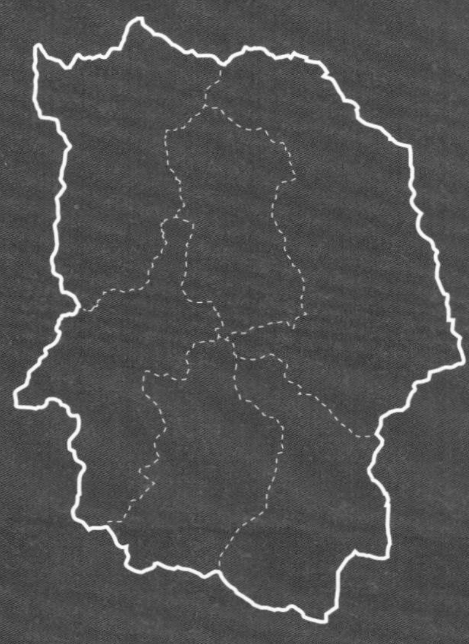

발왕산의 운해

발왕산
發王山
1458m

위치 강원 평창군 대관령면 용산리 (바랑재 구,고려궁) | 강원 평창군 대관령면 용산리 산142 (발왕산) | 강원 평창군 대관령면 수하리 산1 (골드정상) | 강원 평창군 대관령면 올림픽로 715 (골드스넥)

거리 및 시간
9.7km,
총 소요시간 5~6시간

코스 난이도

준비물

우리나라에서 14번째 높은 1,459m 높이의 발왕산은 대관령 14좌 중 제1봉으로 예로부터 왕이 나타나 제왕으로 등극하고 즉위식을 거행하는 산이라는 전설을 가지고 있다.

이를 뒷받침하는 대관령 지역 내 산과 들의 명칭이 있는데 대관령 서쪽 산 정상에 장군이 서 있는 듯한 바위는 진부면에서 보면 대장군이 누워 있는 형상을 하고 있어 장군바위산이라 불리고 그 근처 투구 모양의 투구봉, 길다란 칼 모양의 칼산, 때가 되었다는 의미를 지닌 된봉, 그리고 군사들이 훈련을 했다고 하는 복닥골 등이다.

전설에 의하면 장군바위산의 진산인 오대산에 부처님의 계시가 이르면 장군바위산의 대장군이 일어나 투구봉에서 투구를 쓰고 칼산에서 검을 들고 근처 된봉에 앉아 때가 되기를 기다리다가 모든 준비가 되어 때가 되면 복닥골에 주둔하고 있던 장졸들을 이끌고 용산에 올라 용을 타고 발왕산에서 천제를 올리고 왕으로 등극하는 즉위식을 올린다. 그 후 신하들과 함께 보다 넓은 땅이 있는 강릉 왕산 대기리에 도읍을 정하고 국력을 양성한 후 근처 제왕산에서 군대를 사열하고 서북으로 진군하여 거대한 나라를 건설한다는 것이다.

이러한 전설 때문에 대학 입시생이나 취업 준비생, 고시 지망생 등과 그 부모들이 대관령 두메길을 걸으면서 기도와 명상을 하면 발왕산 제왕의 기운을 받아 원하는 일이 이루어지고 크게 성공할 수 있다고 한다.

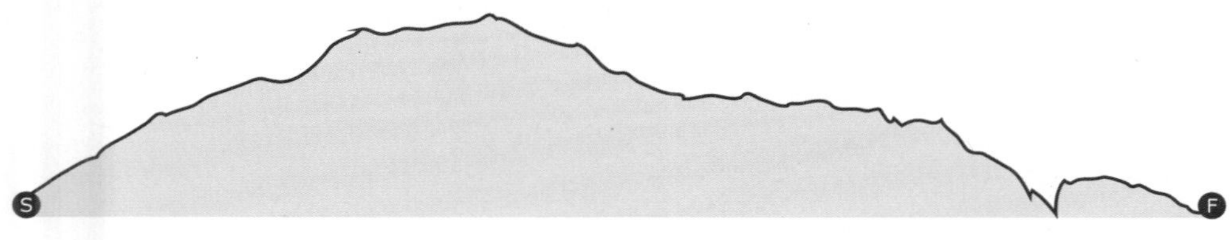

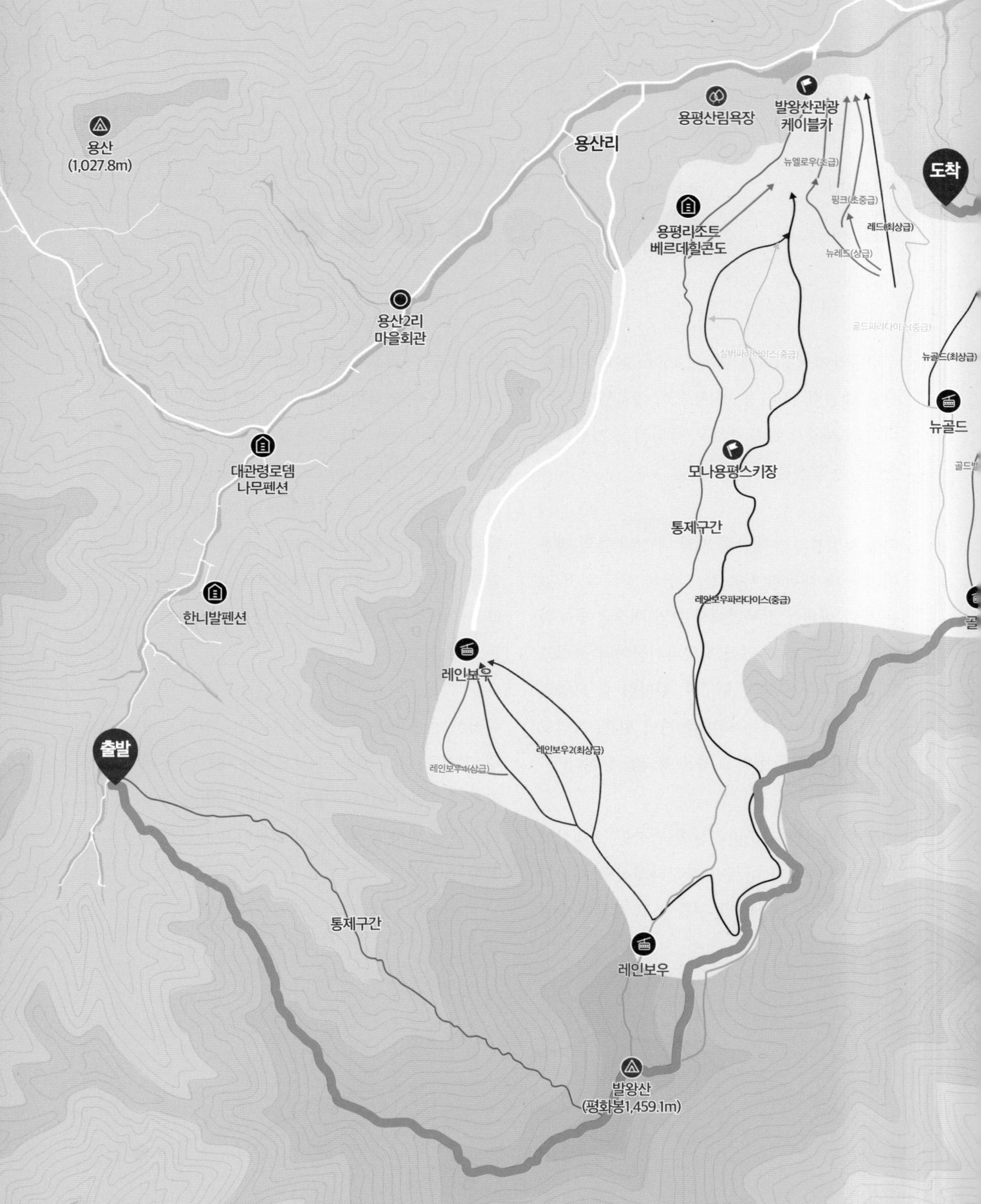

용산
(1,027.8m)
용산리
용평산림욕장
발왕산관광
케이블카
도착
뉴엘로우(초급)
핑크(초중급)
레드(최상급)
뉴레드(상급)
용평리조트
베르데힐콘도
골드파라다이스(중급)
실버파라다이스(중급)
뉴골드(최상급)
뉴골드
용산2리
마을회관
대관령로뎀
나무펜션
모나용평스키장
통제구간
레인보우파라다이스(중급)
한니발펜션
레인보우
레인보우2(최상급)
레인보우4(상급)
출발
통제구간
레인보우
발왕산
(평화봉1,459.1m)

코스

바랑재(구. 고려궁)→발왕산정상 올림픽평화봉[3.5km]→골드슬로프정상[6.5km]→알파카목장[9.2km]→골드스낵[9.7km]

교통편

바랑재(구. 고려궁) 근처에 주차를 하고 산행을 시작한다. 출발지와 도착지가 달라서 산행 종료 지점인 골드스낵에서 카카오택시나 콜택시를 이용해 바랑재(구. 고려궁)로 다시 이동해야 한다.
(횡계 콜택시 033-335-5596)

바랑재에서 발왕산 오르는 길

A, B코스 이정표

발왕산의 설경과 운해

골드스넥 엄홍길 입구

알파카 목장 입구

대관령
두메길
지선별 현황

구름길 지선

오목골-체험학교
지르메산-고루포기산
국민의 숲/음악(치유)의 숲
제왕산길-대관령옛길
올림픽트레일(대관령휴게소-지르메마을)

하늘길 지선

보부상길
사파리목장-소황병산
매봉-소황병산
선자령
하늘채-사브랑골

장군의 길 지선

노인봉
개자니골
장군바위산
병내리

왕의 길 지선

된봉
칼산 1
칼산 2 (인형박물관)

평화의 길 지선

달판재
용산 1
용산 2

구름길 지선

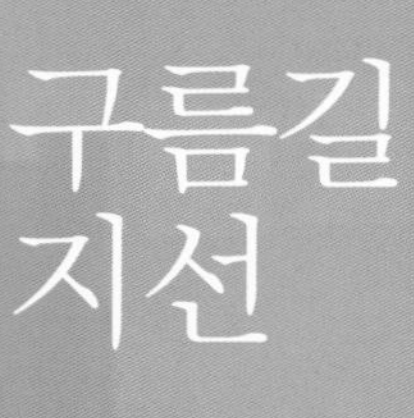

오목골-체험학교

지르메산-고루포기산

국민의 숲/음악(치유)의 숲

제왕산길-대관령옛길

올림픽트레일(대관령휴게소-지르메마을)

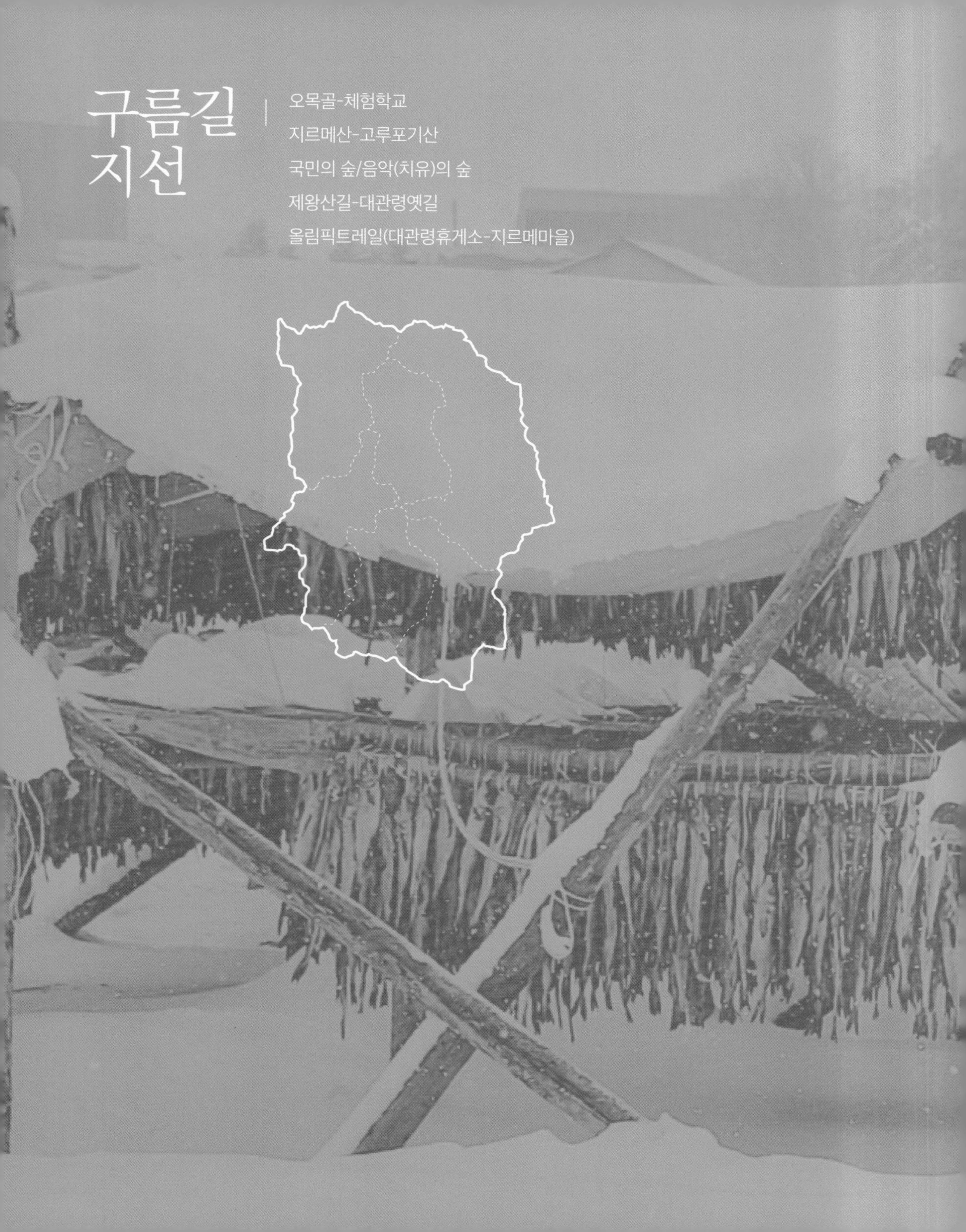

오목골 - 체험학교

눈꽃 산행 최적지

위치

- 강원 평창군 대관령면 송전길 8 (지르메마을 입구)
- 강원 평창군 대관령면 대관령마루길 250-61 (지르메갈림길)
- 강원 평창군 대관령면 대관령마루길 250-21 (대관령 체험학교)

거리 및 시간

10.1km, 총 소요시간 4~5시간

코스 난이도

준비물

코스

올림픽프라자광장→지르메마을입구[1.0km]→라마다호텔입구[2.0km]→오목골입구[2.2km]→지르메갈림길[2.8km]→화약골삼거리갈림길[3.2km]→횡계리갈림길[4.3km]→솔바위갈림길[6.6km]→ 화약골갈림길[8.9km]→체험학교[10.1km]

교통편

올림픽프라자광자에 주차하고 이곳에서부터 산행을 시작하는데 출발지와 도착지가 달라서 산행 종료 지점인 체험학교에서 올림픽프라자광장까지 카카오택시나 콜택시를 이용해 이동해야 한다. (횡계 콜택시 033-335-5596)

오목골에서 대관령체험학교까지 연결되는 코스로 우리나라 최초의 스키와 황태발상지인 지르메마을을 경유하여 백두대간 고루포기산과 능경봉 구간의 5~7부 능선 북쪽 사면을 걷게 된다. 이 코스는 남녀노소 누구나 걸을 수 있는 쉬운 코스로 이른 봄까지 눈꽃 산행하기에 최적의 장소이며, 대관령 고원지대와 선자령의 풍광을 조망하면서 여유로운 산행을 할 수 있는 곳이다.

대관령 황태는 명태가 한 겨울 혹독한 추위 속에서 눈을 맞으면서 얼었다 녹았다를 반복하며 명태 몸 속에 있는 수분을 모두 방출하면서 부드럽게 익어 가는 과정을 거쳐 만들어진다. 이러한 날씨 요건을 모두 갖춘 대관령은 춥고 눈도 적당히 내려 황태를 만드는 데 최적의 장소로 꼽힌다.

대관령 황태는 하늘을 보고 매달려 있는 명태 입안에 눈이 한가득 쌓이고 강하고 추운 바람 속에서 더 잘 익어간다. 요즘 명태는 동해안에서 잡히는 양이 부족해서 러시아에서 수입한 명태를 주로 사용하고 있는데, 겨울철에는 이곳 지르메 마을을 중심으로 눈에 덮인 크고 작은 멋진 풍광의 황태 덕장을 많이 볼 수 있다.

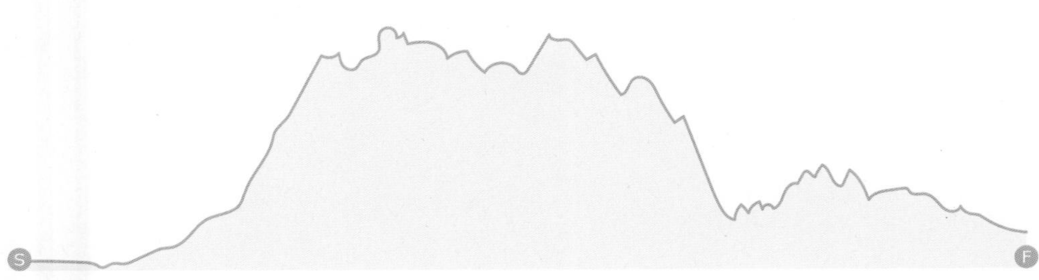

S-OIL LPG
소나무펜션
구름위의
테라스
쌍둥이
황토펜션
삼교리
동치미막국수
456
구름물리
선도센터
횡계초등학교
현대오일뱅크
힐탑아파트
50
대관령중학교
대관령
면사무소
출발
올리브브띠끄
용평동보
아파트
대관령
황태덕장마을
오목골
평창라마다
호텔&스위트
버치힐
컨트리클럽
BIRCH코스
강나루코스

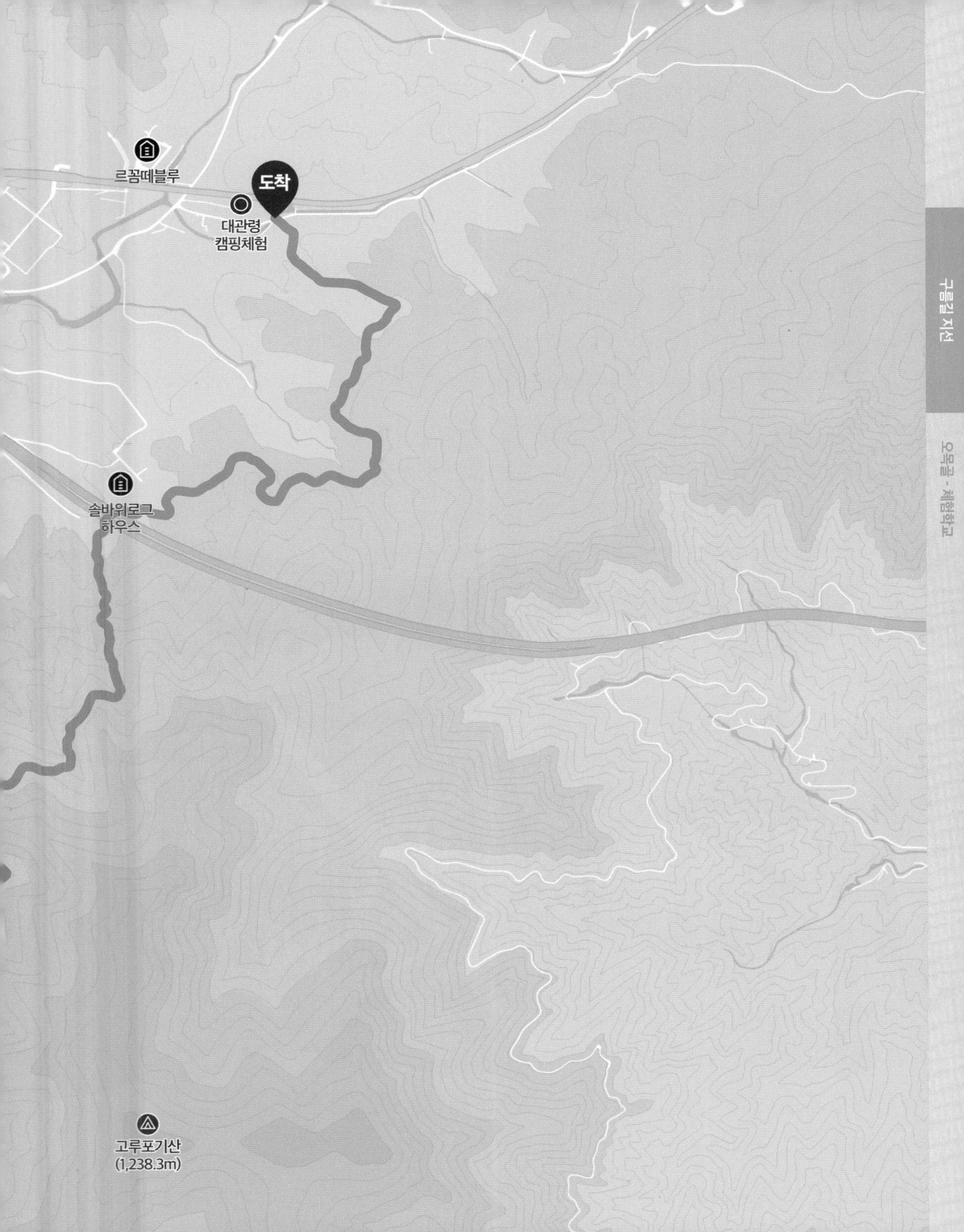
르꼼떼블루
도착
대관령
캠핑체험
솔바위로그
하우스
고루포기산
(1,238.3m)

눈덮인 황태덕장

지르메마을 입구

라마다호텔 입구

황태덕장

지르메산 - 고루포기산

한국스키 발상지, 제1스키 슬로프

위치

- 강원 평창군 대관령면 송전길 77 (지르메산변전소)
- 강원 평창군 대관령면 수하리 산80-10 (지르메산)
- 강원 강릉시 왕산큰골길 233-42 (고루포기산)

거리 및 시간

10.5km, 총 소요시간 6~7시간

코스 난이도

준비물

코스

올림픽플라자광장→지르메마을[1.0km]→변전소[1.7km]→지혜의 숲길[2.4km]→문화마을갈림길[3.2km]→지르메산[3.8km]→오목골 갈림길[4.2km]→고루포기산[6.3km]→라마다호텔[9,0km]→올림픽프라자광장[10.5km]

교통편

올림픽플라자광장에 주차하고 출발하여 지르메산과 고루포기산을 경유, 오목골 라마다호텔을 거쳐 올림픽플라자광장으로 원점 회귀하는 코스로 특별한 교통편 없이 쉽게 다녀올 수 있다.

우리나라 스키와 황태의 발상지이며 국내에서 가장 크고 유명한 황태마을인 송천강 주변 지르메 마을 뒤쪽의 지르메산(930m)은 1960년대에 제1스키 슬로프가 있던 곳으로 용평리조트가 개발되기 이전에는 횡계리에서 수하리를 넘나들 때 주로 이용하던 길이기도 하다.

지르메산 정상을 오르는 길은 짧지만 경사가 가파른 편이다.

지르메산에서 하산하여 이어지는 백두대간의 한 축인 고루포기산까지는 비교적 완만하여 쉽게 걸을 수 있다.

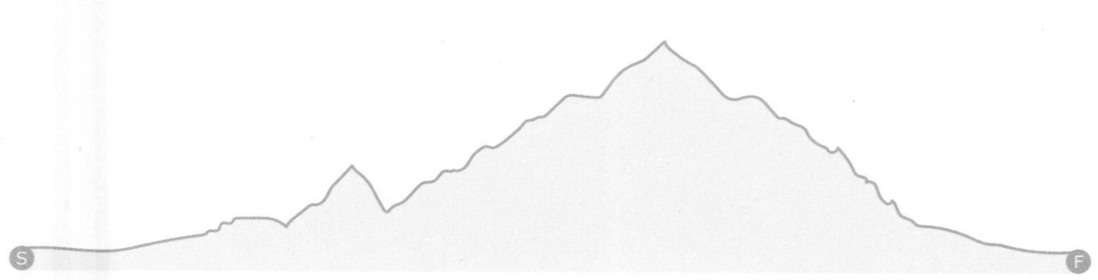

456
횡계초등학교
현대오일뱅크
힐탑아파트
대관령중학교
대관령
면사무소
출발
올리브브띠끄
도착
용평동보
아파트
대관령
황태덕장마을
평창올림픽
선수촌아파트
버치힐
컨트리클럽
스노우벨리
BIRCH코스
강나루코스
용평컨트리클럽
클럽하우스

50
솔바위로그
하우스
고루포기산
(1,238.3m)

구름길 고루포기산

구름길 고루포기산

고루포기산 정상

국민의 숲 음악(치유)의 숲 길

피톤치드향
강한 대관령 명품
트레킹코스

위치
강원 평창군 대관령면 횡계리 산 2-33(국민의 숲)

거리 및 시간
6.3km, 총 소요시간 2~3시간

코스 난이도

준비물

코스
국민의 숲 주차장→국민의 숲→음악 치유의 숲→재궁골→남경식당→국민의 숲 주차장

교통편
산림트레킹코스 '국민의 숲' 주차장에 주차하고 출발하는 원점 회귀 코스

국민의 숲은 횡계시내에서 접근이 매우 쉬운 2시간 남짓의 가벼운 산책코스로 전나무와 주목나무, 독일 가문비나무, 잣나무, 이깔나무, 자작나무 등 다양한 수종이 모여 있는 예쁜 숲이다.

전체적으로 넓고 잘 다듬어진 길로 이어져 일단 입구 초입부의 계단 40~50m만 올라가면 유모차도 어렵지 않게 운행할 수 있어 가족 4대가 함께 걸을 수 있는 대관령면 최고의 명품 트레킹코스로 인기가 있다.

특히 숲의 공기가 청량하고 피톤치드가 강해서 오전 10~11시경에 삼림욕을 하기에 안성맞춤인 코스이다. 여름철 어싱 등 맨발걷기와 산악자전거 코스로도 좋고 눈이 내린 겨울에는 다양한 수종에 쌓인 갖가지 풍광의 설경이 아름다워 사진 촬영을 하며 숲을 걷는 사람들이 많고 지역주민들에게 크로스컨트리 코스로도 유용하게 쓰이는 곳이다.

국민의 숲 길을 돌아 내려와 대관령 휴게소방향의 지방도 대관령마루길를 따라 우측으로 400m 정도 걸으면 좌측 방향 음악(치유)의 숲으로 연결되는 입구로 들어가게 된다. 국민의 숲보다는 한적한 음악(치유)의 숲 내부 걷기를 마친 후 숲길을 벗어나 횡계지역 주민들이 주로 오르는 선자령 입구를 지나면 좌측의 재궁골 하단부로 이어져 국민의 숲 주차장으로 원점 회귀하게 된다.

트레킹 후 주차장 근처에 있는 대관령 맛집 남경식당, 가시머리 식당을 이용할 수 있다.

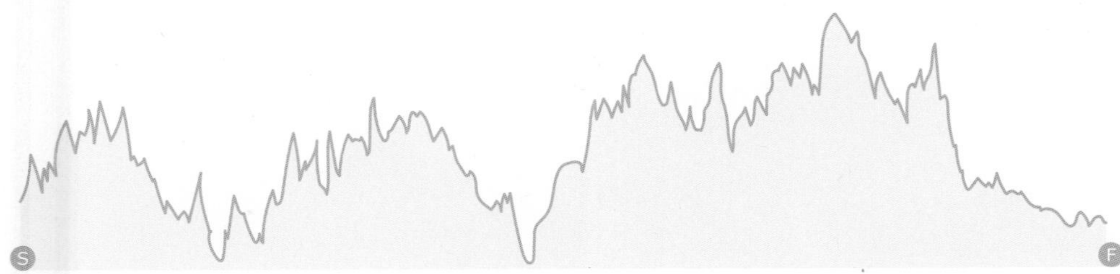

철쭉군락지
(5월하순경)
마리하우스
코지하우스
대관령
양떼목장
힐링하우스
대관령
양떼마을펜션
클래식
지니하우스
도착
출발
456
르꼼떼블루
대관령
캠핑체험

국민의 숲 주차장

국민의 숲 입구

국민의 숲 주변식당

국민의 숲 주변식당

음악(치유)의 숲 입구

음악(치유)의 숲

음악(치유)의 숲에서 자생하는 속새

음악(치유)의 숲

국민의 숲

국민의 숲

국민의 숲

국민의 숲 겨울 트레킹

제왕산길 - 대관령옛길

동해 조망
풍광이 시원한 산

위치
- 강원 평창군 대관령면 경강로 5760 (대관령숲길안내센타)
- 강원 강릉시 성산면 어흘리 산 341 (제왕산)
- 강원 강릉시 성산면 어흘리 (대관령옛주막터)

거리 및 시간
13.4km, 총 소요시간 6~7시간

코스 난이도

준비물

코스

신재생에너지관→제왕산/능경봉갈림길[2.0km]→제왕산정상[3.3km]→임도삼거리[5.1km]→옛길주막터[6.4km]→반정[9.7km]→국사성황당[11.4km]→대관령휴게소[13.4km]

교통편

출발지와 도착지가 동일한 원점 회귀 코스로 대관령 휴게소 부근 신재생에너지관에 주차한다.

대관령마을휴게소의 대관령비석과 영동고속도로 준공비를 지나 능경봉 입구 감시초소 좌측에 있는 임도를 따라 산행이 시작된다.

832m의 대관령보다 낮은 제왕산은 뒤로는 백두대간 능경봉과 선자령으로 이어지며 앞으로는 동해를 조망할 수 있는 풍광이 멋지고 완만한 산이다.

오르는 길은 임도길과 숲길을 선택할 수 있는데 가급적 숲길을 선택해서 올라야 정상까지 갈 수 있다. 임도길은 넓고 평이한 길이어서, 산악자전거 코스로도 손색이 없어서 산악자전거 애호가들에게 인기가 많은 곳이기도 하다.

제왕산 정상에서 하산하면서 다시 만나게 되는 임도길에서 대관령옛길 주막터로 향하는 내리막길은 급, 완경사로 이루어져 있지만 주막터까지 어렵지 않게 갈 수 있다.

주막터에서 반정까지 이어지는 길은 신사임당이 어린 율곡을 데리고 넘던 길이면서 영동지방의 선비들이 과거를 보기 위해 넘나들던 오르막길로 사계절 아름다운 숲길이다.

아흔 아홉 굽이를 돌아 영동과 영서를 가르는 고갯길 반정에 올라 구 영동 고속도로를 횡단해서 선자령 방향으로 다시 올라 국사 성황당를 거쳐 대관령마을휴게소까지 되돌아온다.

성산교
456
50
신사임당
사친시비
대관령
양떼목장
철쭉군락지
(5월하순경)
대관령
출발
도착
기념비
대관령휴게소
신재생
에너지전시관

바우길2-1구간
(대관령옛길_제왕산코스

제왕산
(839.5m)

영동고속도로 준공 기념비

제왕산 입구

제왕산 정상

제왕산 임도 전망대

제왕산 대관령옛길

대관령 옛길 반정 비석

대관령 비석

올림픽 트레일

천천히 걷는 숲길

위치

- 강원 평창군 대관령면 송전길 77 (지르메산변전소)
- 강원 평창군 대관령면 수하리 산80-10 (지르메산)
- 강원 평창군 경강로 572 1 (대관령마을휴게소)

거리 및 시간

12.1km, 총 소요시간 6~7시간

코스 난이도

준비물

코스
대관령마을휴게소/신재생에너지관→국민의 숲 입구삼거리[2.2km]→복수초군락지[2.9km]→
대관령제1터널쉼터[5.8km]→고루포기산삼거리[9,8km]→지르메산정상[11.2km]→
지르메마을변전소[12.1km]

교통편
대관령마을휴게소나 신재생에너지관에 주차하고 출발한다. 걷기가 종료되면 출발지와 도착지가 달라서 산행 종료 지점인 지르메마을에서 대관령휴게소까지 카카오택시나 콜택시를 이용해 이동해야 한다. (횡계 콜택시 033-335-5596).

백두대간 능경봉, 고루포기산의 능선과 수평으로 나란히 조성된 올림픽트레일 코스는 대관령마을휴게소 부근 대관령숲길안내센터에서 출발하여 3~6부 능선을 따라 천천히 걷는 숲길코스이다.

겨울철에는 대관령 고원지대와 선자령 구간의 조망이 가능하고 여름철에는 녹음이 우거진 시원한 풍광을 즐길 수 있다.

구간 후반부인 고루포기산 삼거리에서 오목골로 하산이 가능하며 계속해서 지르메산 정상을 경유하여 지르메 마을로 내려올 수도 있다.

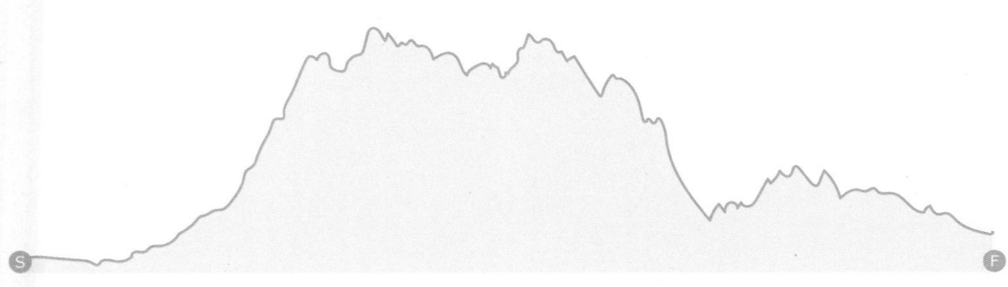

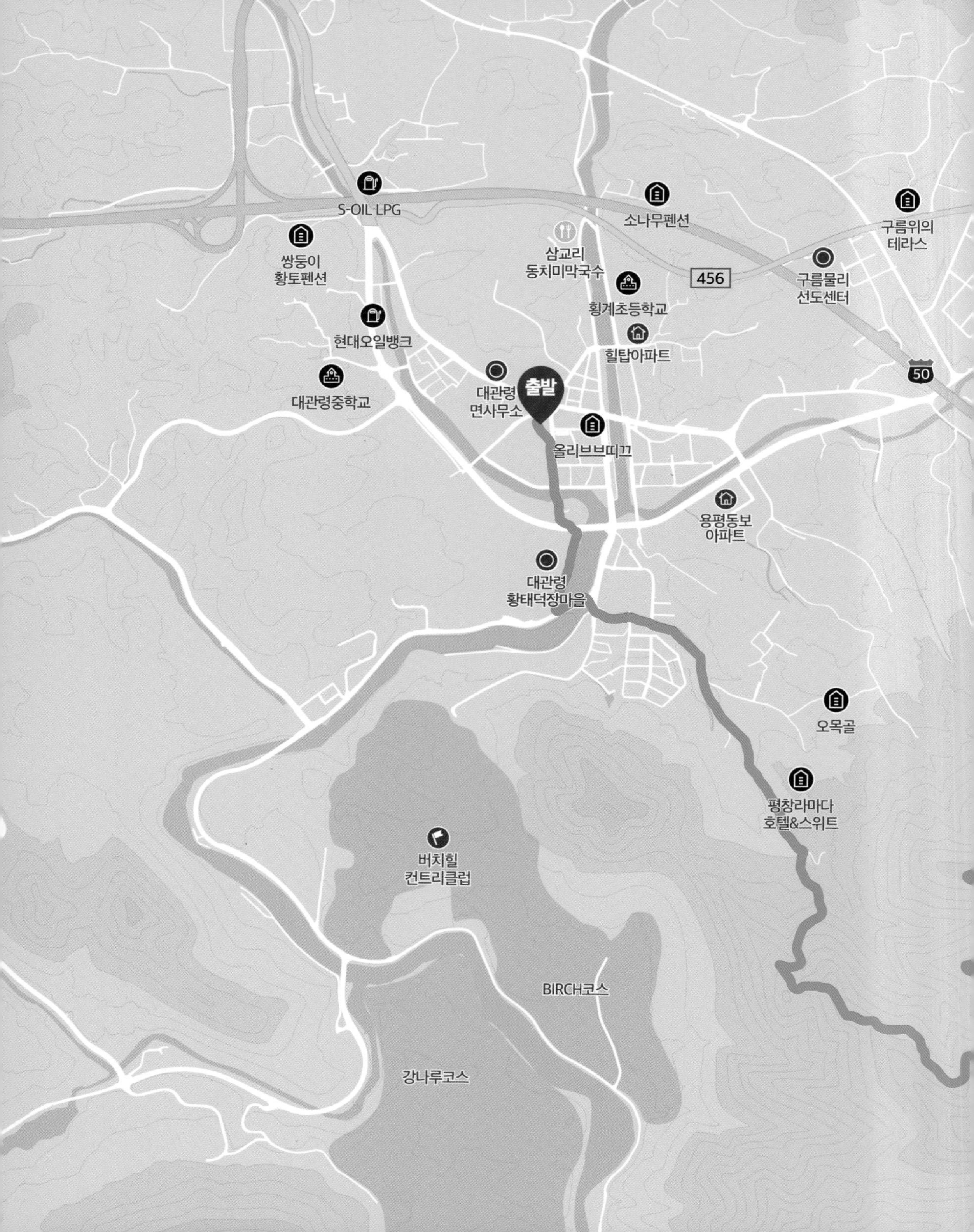
S-OIL LPG
소나무펜션
구름위의
테라스
쌍둥이
황토펜션
삼교리
동치미막국수
456
구름물리
선도센터
횡계초등학교
현대오일뱅크
힐탑아파트
50
대관령중학교
대관령
면사무소
출발
올리브브띠끄
용평동보
아파트
대관령
황태덕장마을
오목골
평창라마다
호텔&스위트
버치힐
컨트리클럽
BIRCH코스
강나루코스

르꼼떼블루
도착
대관령
캠핑체험
솔바위로그
하우스
고루포기산
(1,238.3m)

지르메산 고루포기산

지르메산 고루포기산

트레일 휴게소(대관령 제1터널 쉼터)

트레일 전망대

하늘길 지선

보부상길
사파리목장-소황병산
매봉-소황병산
선자령
하늘채-사브랑골

소황병산에서 바라본 삼양라운드힐과 동해바다

어물전 보부상길

삼양 라운드힐을
지나는 평탄한
고원 초원길,
매우 이국적인 풍광

위치

- 강원 강릉시 신왕리 산1 (매봉)
- 강원 강릉시 사천면 사기막리 산 210 (사기막 저수지)

거리 및 시간

10.5km, 총 소요시간 3~4시간

코스 난이도

준비물

코스

삼양라운드힐 매봉 부근→사기막저수지[4.5km]

교통편

삼양라운드힐 매봉 근처에서 출발하는데 출발지와 도착지가 달라 사기막저수지에서 가이드전용차량을 이용해 대관령으로 돌아와야 한다

강릉 주문진항은 오래 전부터 오징어와 명태 등 수산물이 가장 많이 잡히는 동해안의 유명한 어항 중의 하나다. 지금처럼 교통이 발달하기 이전 주문진 어물전 보부상들이 백두대간을 넘어 진부, 봉평, 대화 등 평창군의 내륙 지방으로 건어물을 짊어지고 판매하러 다니던 길이 있었는데, 주문진에서 연곡이나 사천을 지나 지금의 삼양라운드힐의 핵심 지역인 매봉을 넘어 대관령면 차항리 주막을 거쳐 진부까지 이어지는 길이 바로 어물전 보부상길이다.

이 길은 어물전 보부상들의 애환이 서려 있는 역사적인 길일 뿐만 아니라, 동해안의 해파랑길을 경유하여 백두대간인 대관령면 삼양라운드힐을 지나는 평탄한 고원 초원길로 사계절 풍광이 매우 이국적이어서 국제적인 트레킹 코스로도 손색이 없는 곳이다.

고원지대인 대관령은 어물이 귀해 대관령과 주문진을 오가는 어물전 보부상에게서 어렵게 어물을 얻을 수 있었다. 그러나 제아무리 빠른 걸음으로도 고봉준령을 넘다 보면 싱싱했던 어물은 생기를 잃기도 했다. 주문진의 명물인 오징어도 여름 날에는 잰 걸음의 보부상도 대관령 고개를 넘다 보면 어느새 붉게 변하기 십상이었다.

백두대간을 넘어 차항리 주막까지 힘들여 짊어지고 온 오징어가 상하는 걸 안타까워하던 보부상들은 대관령에서는 흔하지만 주문진에서는 귀한 황병산 멧돼지 고기를 눈 여겨 보았고, 그들이 가지고 온 오징어와 멧돼지 고기를 고추장에 버무려 볶아 먹는 요리를 고안하게 되었다. 이후 살짝 매콤하면서도 달달하고 쫄깃한, 삼겹살과 오징어의 감칠맛이 일품인 지금의 오삼불고기로 발전하게 되어 대관령의 명물로 자리 잡게 되었다.

S

F

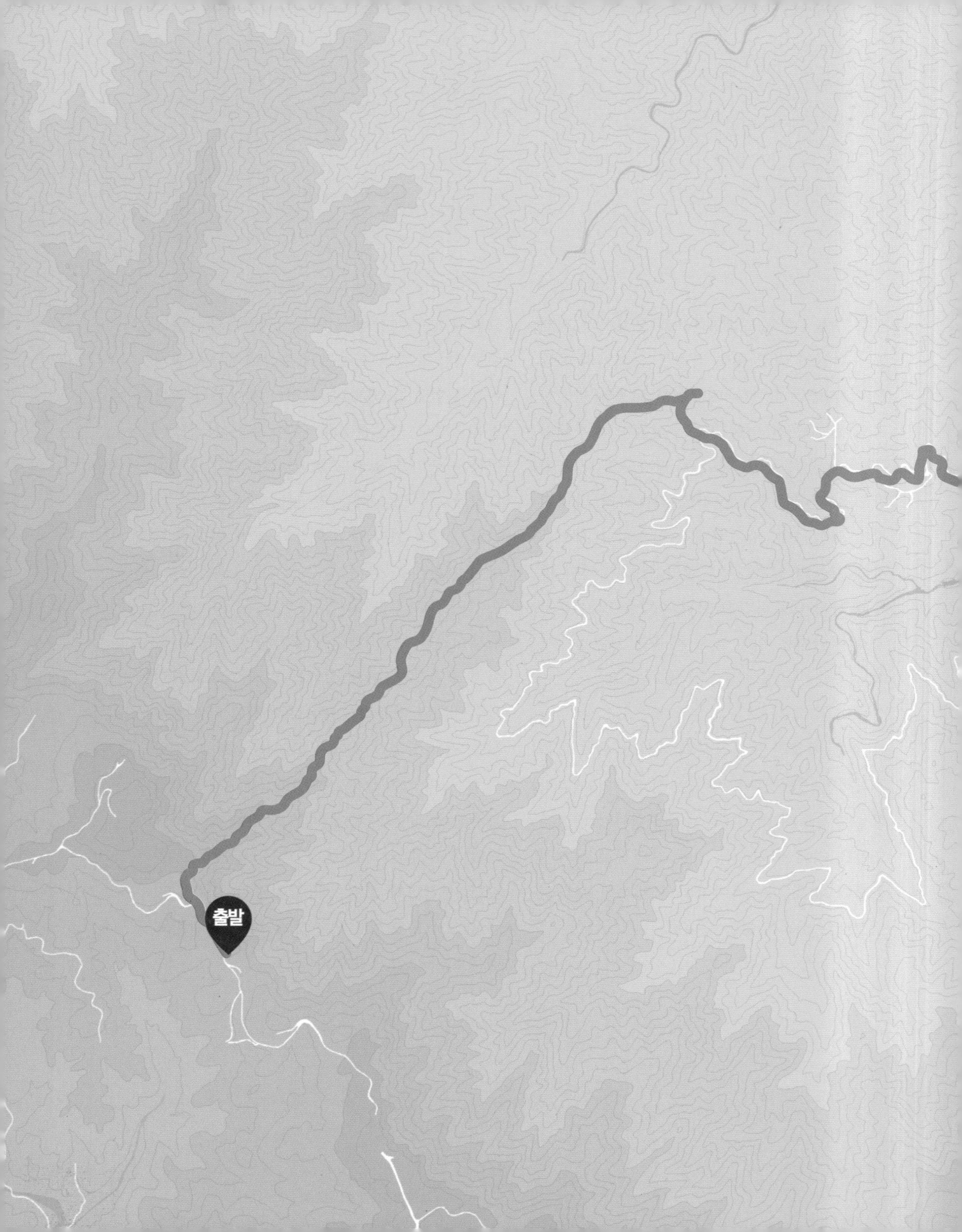

출발

용연동계곡
도착
사기막저수지
사기막리
배리안
해피몽펜션
50
456
하늘길 지선
보부상길

하늘길 보부상길

보부상길 구간 풍광

보부상길 구간에 있는 항공기 훈련장

사파리목장 - 소황병산

초지와 풍력발전기가
어우러진
이국적 풍광,
가이드 동반 필수

위치
- 강원 평창군 차항동녁길109 (사파리목장)
- 강원 강릉시 연곡면 삼산리 산333 (소황병산)

거리 및 시간
20.4km, 총 소요시간 9~10시간

코스 난이도

준비물

코스

사파리목장/설목장→하늘채[1.9km]→차항봉[4.9km]→삼정호[6.2km]→소황병산[10.3km]-삼정호[14.2km]→사파리목장/설목장[20.4km]

교통편

설목장/사파리 목장에 주차하고 다녀오는 원점 회귀 코스이다.

사파리목장에서 설목장 방향으로 올라 하늘채와 차항봉을 거쳐 삼정호까지 이어지는 구간이다. 매우 긴 코스이지만 전체적인 난이도는 보통으로 누구나 도전해 볼만한 구간이다.

설목장에서 하늘채로 오르는 초입은 경사가 있는 편이나 일단 하늘채로 오르는 큰 길을 만나면 고위 평탄한 구릉길로 이어져 하늘과 맞닿은 천상의 길을 걸으며 하늘채를 오르게 된다.

하늘채는 대관령 고위 평탄한 구릉지의 중심부로 바람을 타고 쉼없이 돌아가는 거대한 풍력발전기와 함께 발왕산을 비롯하여 하늘목장, 선자령, 황병산에 둘러싸인 대관령을 360도 파노라마로 한눈에 조망할 수 있다. 그야말로 하늘에 올라 한 폭의 그림 같은 세상을 바라보는 황홀경에 빠지게 된다.

하늘채를 내려와 차항봉에서 이어지는 해발 1,050m에 위치한 삼정호는 남한강에서 발원하여 한강으로 흐르는 계곡의 호수로 원앙새, 수달의 서식지이며 낙엽수로 둘러싸인 호수 주변 풍광이 신비로움을 자아낸다. 특히 겨울철 꽁꽁 언 호수 위를 걷는 즐거움이 크다.

삼정호를 지나 완만한 구릉길을 올라 소황병산에서 다시 출발 장소인 사파리 목장으로 원점회귀하는 이 코스는 대관령 두메길 중에서 사계절의 풍광이 모두 한 폭의 그림처럼 아름다운 핵심 코스이다. 잘 다듬어진 평탄한 구릉길이어서 산악자전거 코스로도 사랑받고 있다.

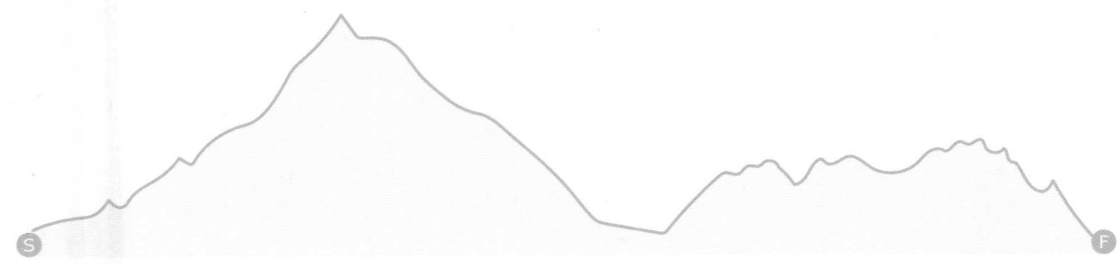

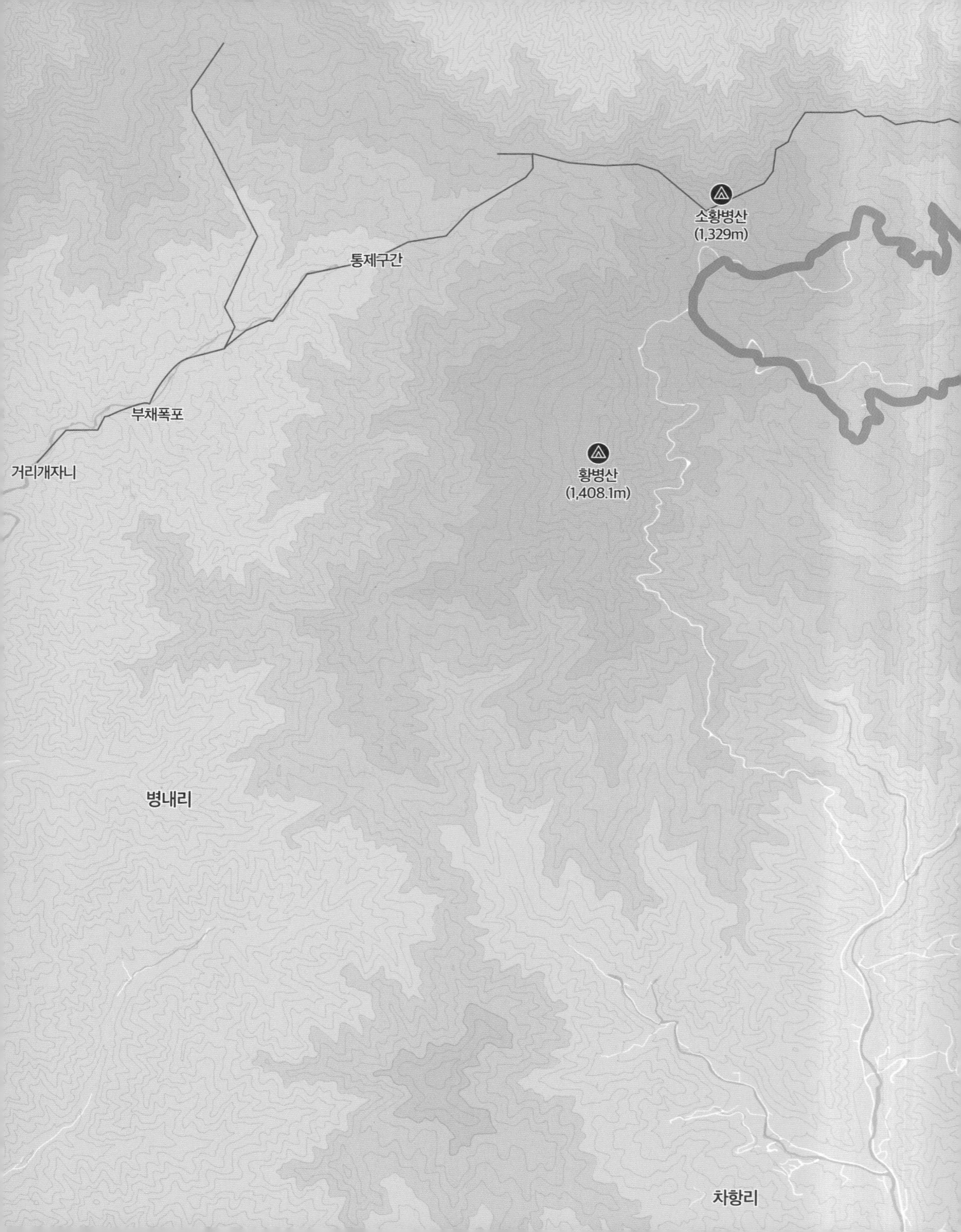

소황병산
(1,329m)
통제구간
부채폭포
거리개자니
황병산
(1,408.1m)
병내리
차항리

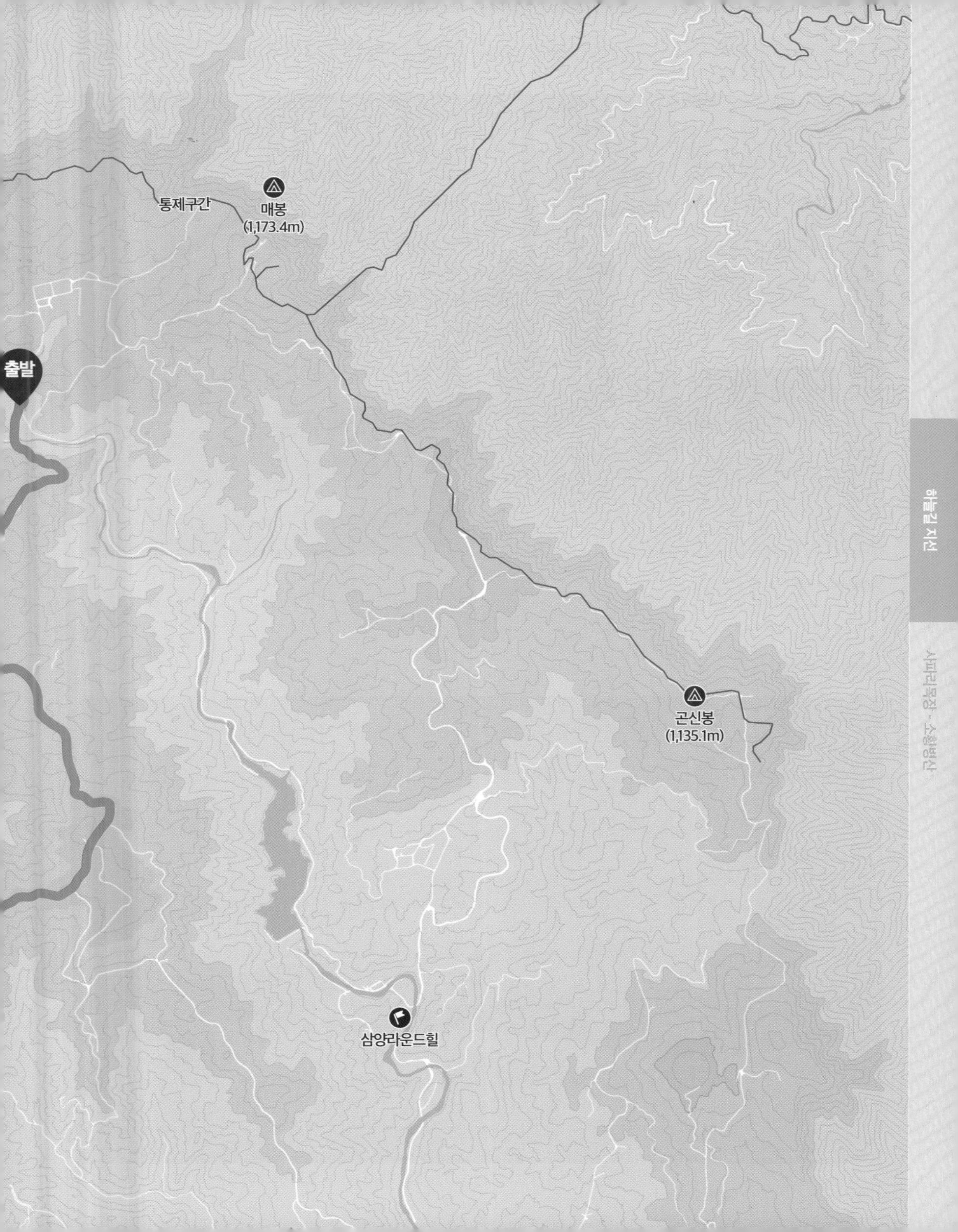

통제구간
매봉
(1,173.4m)
출발
곤신봉
(1,135.1m)
삼양라운드힐

대관령 사파리 목장

소황병산으로 오르는 길

소황병산의 초지

소황병산 초지에서의 승마

소황병산의 설경

소황병산의 설경

소황병산에서 바라본 운해

매봉 - 소황병산 삼정호

하늘길 지선 중
최고의 풍광

위치

- 강원 강릉시 신왕리 산1 (매봉)
- 강원 강릉시 연곡면 삼산리 산333 (소황병산)
- 강원 강릉시 대관령면 횡계리 산1-122 (삼정호)

거리 및 시간

9.5km, 총 소요시간 6~7시간

코스 난이도

준비물

코스
매봉->소황병산[5.4km]->삼정호[9.5km]

교통편
대관령 두메길의 가이드 전용차량으로 매봉까지 이동한다.

삼양라운드힐의 백두대간인 매봉에서 출발하여 소황병산 정상을 경유해 삼양라운드힐 2단지 삼정호까지 이어지는 이 코스는 하늘길의 내부 지선 중에서도 사파리목장에서 오르는 구간과 함께 최고의 풍광을 경험할 수 있는 구간이다.

매봉에서 소황병산까지의 국립공원 비법정 탐방구간인 백두대간길을 통과해야 하므로 대관령 두메길의 전문가이드와 반드시 동행해야 한다.

매봉에서 이어지는 백두대간 소항병산(1,336m)은 대관령 14좌 중 제5봉으로 평평한 봉우리에 올라서면 삼양라운드힐과 선자령을 배경삼아 쉬임없이 돌아가는 풍력발전기 너머로 푸른 동해바다가 코앞으로 펼쳐지는 황홀한 파노라마를 감상할 수 있다.

S F

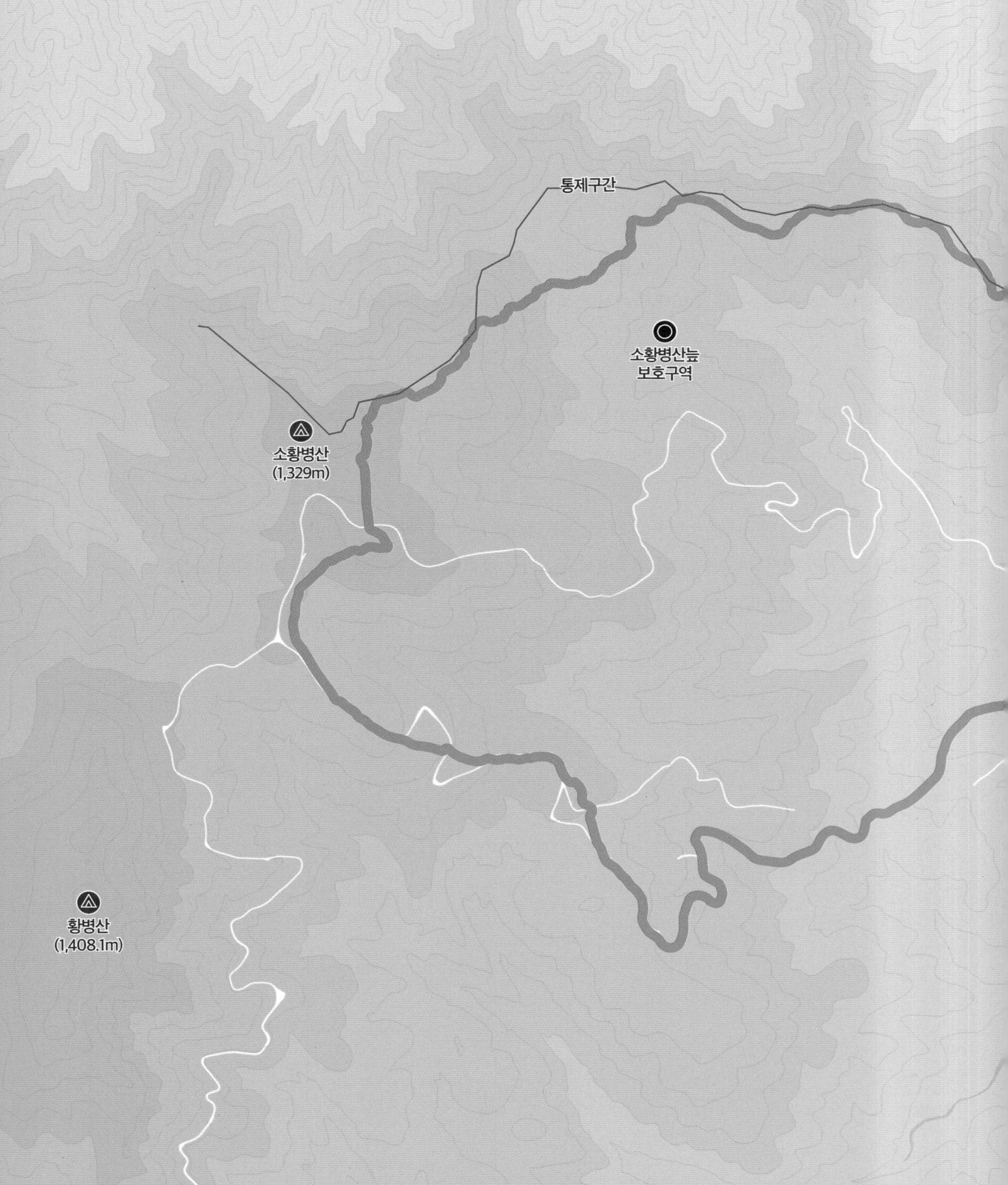

통제구간
소황병산늪
보호구역
소황병산
(1,329m)
황병산
(1,408.1m)

질뫼늪지
매봉
(1,173.4m)
출발
매봉조망점
도착

삼정호

매봉에서 삼정호로 내려오는 설경

삼정호 주변의 겨울 트레커

매봉 부근의 설경

하늘길 지선

매봉

소황병산에서 바라보는 황병산

동해바다가 바라보이는 소황병산의 여름

선자령

겨울산행
대표명소,
강릉 조망

위치

- 강원 평창군 대관령면 경강로 5721 (대관령마을휴게소)
- 강원 평창군 대관령면 횡계리 산1-1 (새봉)
- 강원 평창군 대관령면 횡계리 산1-134 (선자령)
- 강원 평창군 대관령면 대관령마루길 527-35 (대관령 국사성황당)

거리 및 시간

11.1km, 총 소요시간 5~6시간

코스 난이도

준비물

코스

대관령휴게소(등산로기점)→국사성황당삼거리[1.2km]→산으로 접어드는 입구[1.8km]→전망대삼거리2.4[km]→전망대[2.6km]→선자령정상[5.1km]→삼양목장 가는 임도삼거리[5.5km]→하늘목장 입구삼거리[6.0km]→샘터[8.4km]→재궁골삼거리[8.9km]→국사성황당삼거리[9.7km]→대관령휴게소[11.1km]

교통편

대관령휴게소에 주차를 하고 출발지로 돌아오는 원점회귀 코스이다

백두대간 능선의 중심부에 위치하여 영동과 영서를 가르는 선자령은 신선 혹은 용모가 아름다운 여자를 뜻하는 선자(仙子)에서 붙여진 이름으로, 따지면 보면 고개가 아닌 봉우리이나 지형이 완만하고 여러 갈래길이 만나는 곳이라 령이라 불리우고 있다. 북쪽으로는 오대산의 노인봉, 남쪽으로는 능경봉과 등산로로 연결되어 있으며 겨울철 많은 눈과 매우 강한 바람, 탁 트인 조망과 함께 눈꽃 능선이 아름다워 겨울 산행의 명소로 꼽힌다. 한 번도 안 간 사람은 있어도 한 번만 간 사람은 없다는 말이 있을 정도로, 산을 좋아하는 사람들이라면 누구나 겨울에 꼭 한 번 가보고 싶어하는 산이기도 하다.

선자령 정상의 해발고도는 1,157m로 높지만 산행기점인 해발 832m의 대관령마을휴게소와의 표고차가 320m로 왕복 거리에 비해 비교적 평탄한 코스여서 남녀노소 누구나 쉽게 등산을 할 수 있다. 겨울철 폭설이 내린 뒤 선자령 곳곳은 눈꽃으로 덮인 숨이 멎을 듯한 황홀한 설경이 끝없이 이어져 등산객들의 탄성과 함께 가던 발길을 멈추게 한다. 특히나 산행 중에 만나는 전망대와 선자령 정상에서의 강릉 시가지와 푸른 동해가 한 눈에 들어오는 풍광은 거대한 풍력발전기와 어우러져 그 어디에도 비교할 수 없는 멋진 장관을 연출한다.

바람의 계곡이라는 별명답게 사람이 날아갈 정도의 강한 바람이 불고 눈이 많아 등산하기가 어려울 때도 있지만 오히려 겨울철이면 설동이나 이글루를 만들어 비박을 즐기려는 사람들이 모여들어 백패커들의 성지가 되어 있다. 주말이면 눈꽃 산행을 하는 트레커들로 인산인해를 이루며, 최근에는 반려견들과 함께 하는 등산로로도 유명해지고 있다.

선자령 입구의 국사성황당는 대관령 정상에 있는 대관령 국사성황을 모신 서낭당으로 대관령 산신과 함께 강릉 단오제의 주신으로 모셔지는데, 그 기운이 매우 강하여 선자령을 오르내리면 좋은 기운을 받아 몸과 마음이 건강해지고 나쁜 병을 치유하는 효과가 있다고 한다.

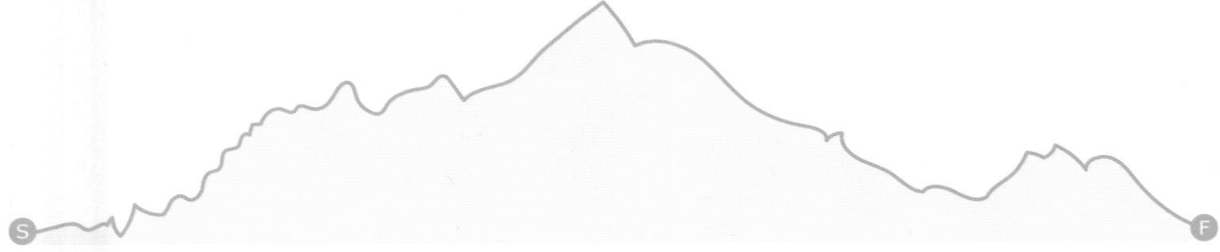

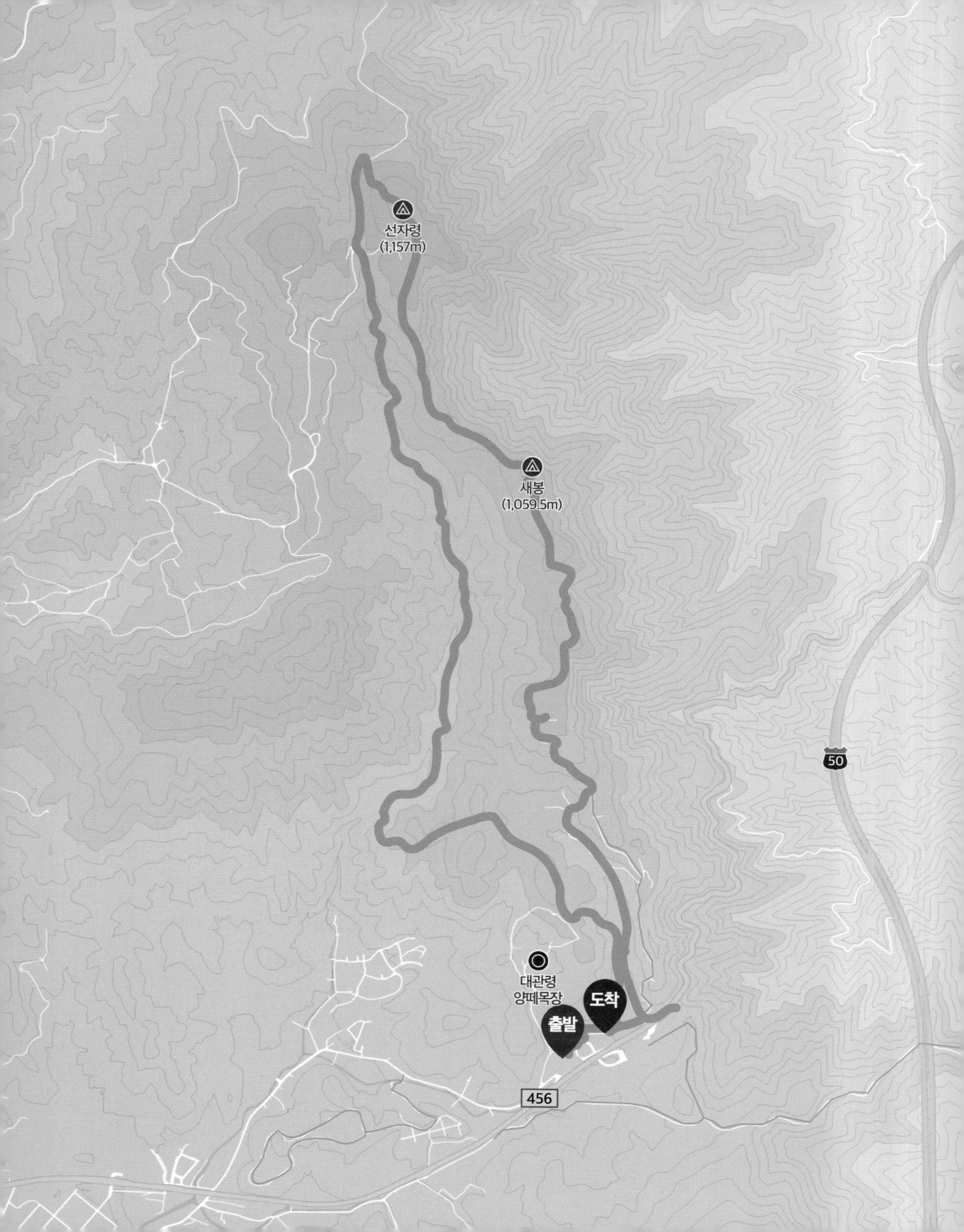

선자령
(1,157m)
새봉
(1,059.5m)
50
대관령
양떼목장
도착
출발
456

선자령 정상석

등산로입구

선자령 산길입구

국사성황당 입구

전망대 삼거리

선자령구간

선자령 설경

선자령 눈꽃

하늘채 - 사브랑골

대관령 고원지대를
360도 파노라마로
조망할 수 있는
가장 대관령스러운
코스

위치
- 강원 평창군 횡계리 470-5
(대관령 하늘목장)
- 강원 평창군 사브랑길8
(바람마을의야지)
- 강원 평창군 대관령면 횡계리 산1-3
(하늘채)

거리 및 시간
12km, 총 소요시간 5~6시간

코스 난이도

준비물

코스

하늘목장주차장→하늘목장2단지입구[0.4km]→하늘채[4.4km]→목장길입구[5.0km]→설목장[6.5km]→사파리목장[6.7km]→횡계2리 의야지바람마을[11.8km]

교통편

출발지와 도착지가 달라서 하늘목장 주차장에 주차를 하고 산행이 종료되면 주차장까지는 카카오택시나 콜택시를 이용해야한다.

하늘길 내부지선 중 하나로 하늘목장 주차장에서 출발하는 이 코스는 대관령의 중심 하늘채에 올라 가장 대관령스럽고 멋진 최고의 풍광을 볼 수 있는 코스이다.

대관령 두메길을 잇는 14개 1,000m급 산들의 중앙부에 위치하기 때문에 하늘채 정상에 오르면 하늘과 맞닿은 대관령 고원지대를 360도 파노라마로 조망할 수 있다. 특히 여름철 초록의 초지를 배경으로 흰구름이 떠도는 파란 하늘 아래 거대한 풍력발전기가 어우러져 돌아가는 풍광은 마치 천상에 올라 있는 듯한 착각을 불러일으킬 정도로 매우 이국적이고 아름답다.

하산길에는 설목장과 사파리목장의 목장길 주변도 함께 걷게 되는데, 먼 옛날 임금의 스승인 사부들이 사는 집이 있었다 하여 이름 붙여진 사부랑골을 경유하여 횡계2리의 의야지 바람마을까지 이어진다.

하늘채를 오르내리는 능선의 업 다운 구간은 산악 자전거 코스로도 인기가 있어 산악라이딩을 즐기는 산악자전거 동호인들을 종종 만날 수 있다.

도착지인 의야지 바람마을에는 횡계2리 마을 부녀회에서 운영하는 향토 음식점이 있어 감자옹심이, 목동 도시락 등 토속적인 식사를 즐길 수 있다.

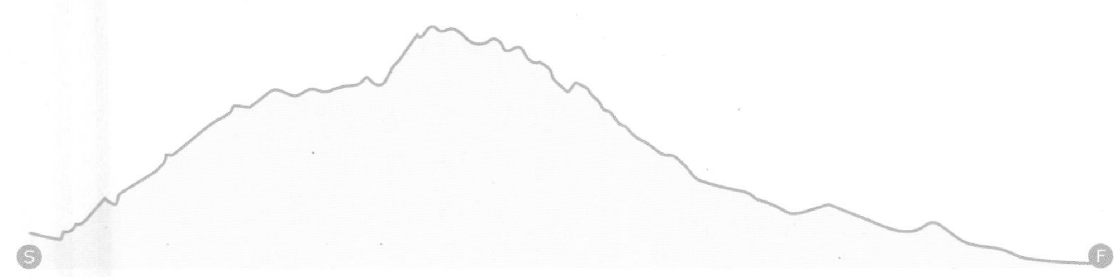

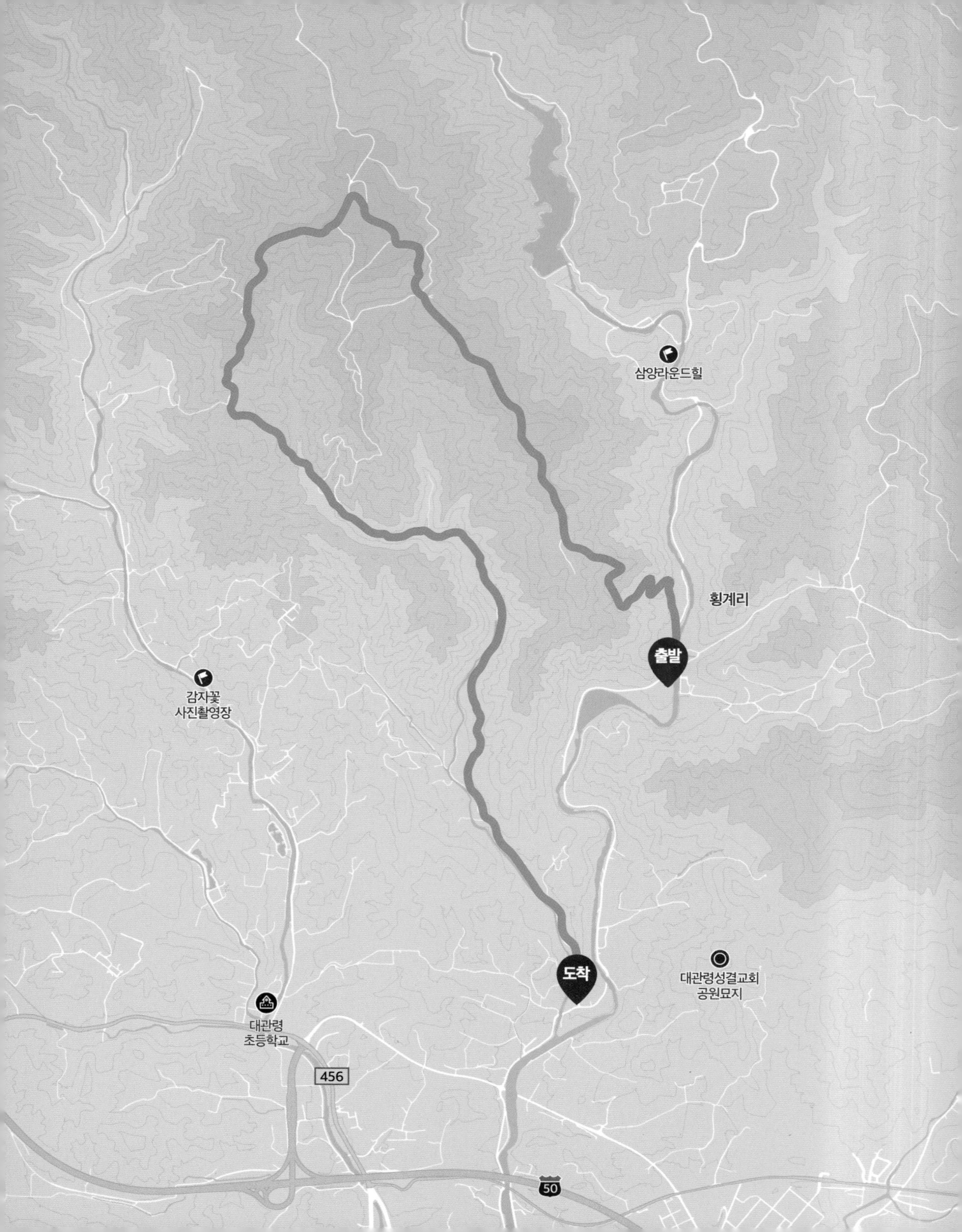

삼양라운드힐
횡계리
출발
감자꽃
사진촬영장
도착
대관령성결교회
공원묘지
대관령
초등학교
456
50

하늘목장
SKY RANCH
SINCE 1974
Parking

대관령하늘목장

하늘채 오르는 설경

하늘채 MTB 라이딩 구간

하늘채 초지 풍광

하늘채 초지 풍광

하늘채 MTB 라이딩 구간

주변 목장 풍경

하늘재 MTB 라이딩 구간

장군의길 지선

노인봉
개자니골
장군바위산
병내리

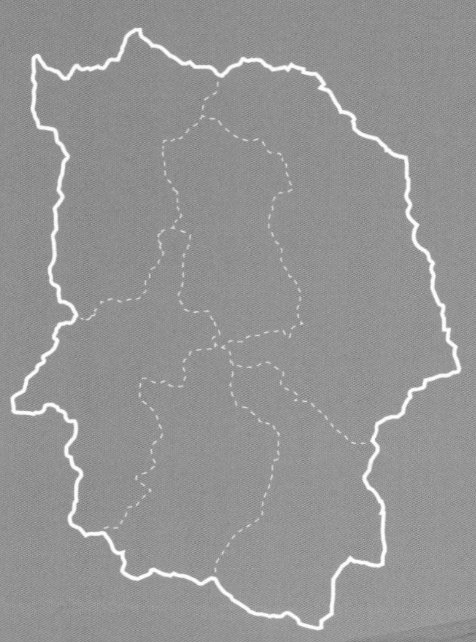

소황병산에서 바라본 삼양라운드힐과 동해바다

노인봉

비법정 탐방로로
국립공원관리공단의
사전 출입허가
및 전문가이드
동반 필수

위치

- 강원 강릉시 연곡면 삼산리 (노인봉)
- 강원 평창군 대관령면 병내리 101-18 (진고개정상휴게소)

거리 및 시간

8.6km, 총 소요시간 5~6시간

코스 난이도

준비물

코스
소황병산 →노인봉→진고개휴게소[8.6km]

교통편
출발지와 도착지가 달라서 산행시작과 종료시에는 진고개휴게소에서 차량 지원을 받아야 한다

노인봉(1,338m)은 강릉 연곡과 대관령면 병내리에 걸쳐 있는 산으로 인근 황병산(1,408m)과 함께 오대산 국립 공원의 일부이다.

삼양라운드힐 소황병산에서 노인봉으로 가는 코스는 백두대간 비법정 탐방로로 국립공원공단의 사전 출입허가 및 대관령 두메길의 전문가이드의 지원이 필요하지만 반대방향인 진고개 휴게소에서 노인봉까지만 다녀온다면 가이드 동반없이 왕복(8.8km) 산행이 가능하다.

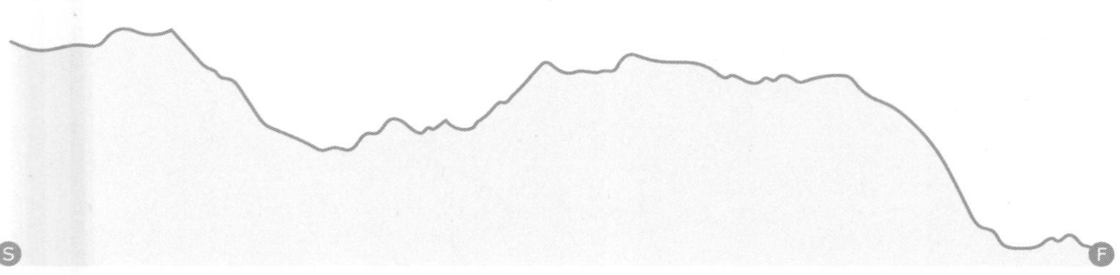

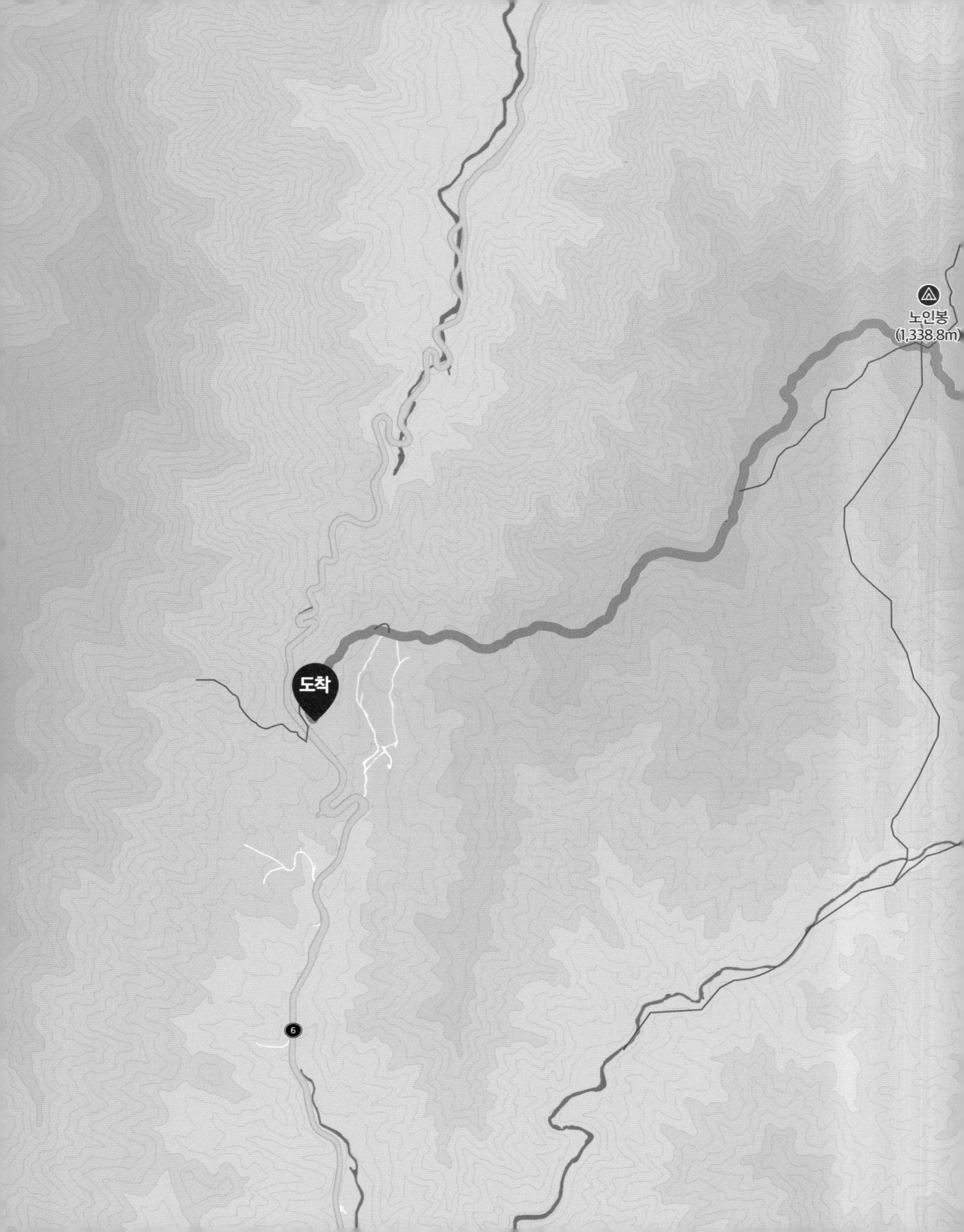

노인봉
(1,338.8m)
도착
6

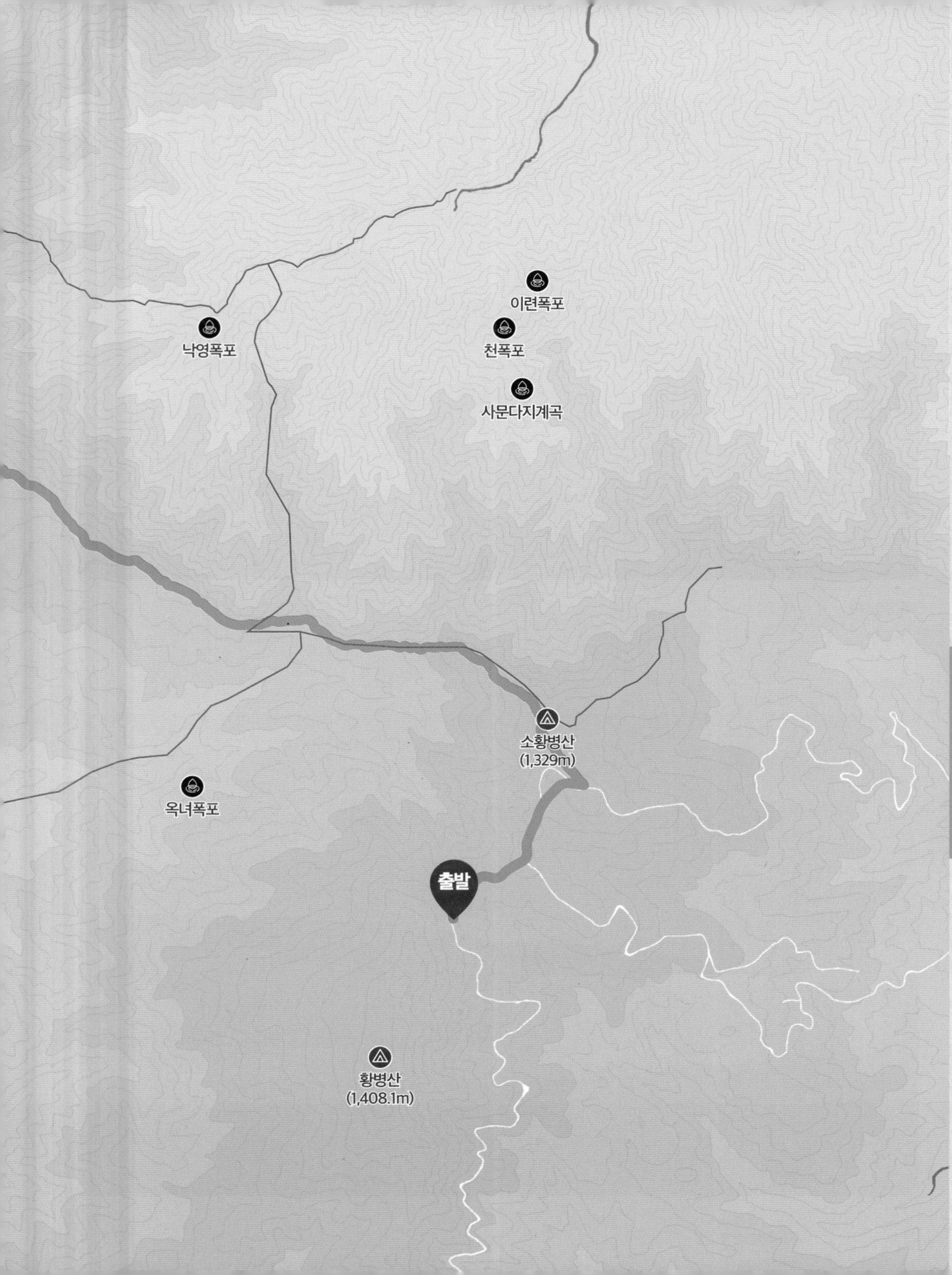

이련폭포
낙영폭포
천폭포
사문다지계곡
소황병산
(1,329m)
옥녀폭포
출발
황병산
(1,408.1m)

소황병산 정상

소황병산 초지

노루궁뎅이 버섯

소황병산에서 노인봉 가는 길

노인봉 정상

대관령 두메길 노인봉 단체 산행

개자니골

여름철
계곡산행으로 유명,
비법정 탐방구간으로
국립공원관리공단의
사전 출입허가 및
가이드 동반 필수

위치

- 강원 강릉시 연곡면 삼산리 산333 (소황병산)
- 강원 평창군 진고개로 930-28 (노인봉 민박)

거리 및 시간

10.2km, 총 소요시간 5~6시간

코스 난이도

준비물

코스

소황병산→ 개자니골→진고개 산장[10.2 km]

교통편

출발지와 도착지가 서로 달라서 소황병산 산행 시작과 계곡 산행이 종료되면 진고개산장에서 차량 지원을 함께 받아야 한다.

삼양라운드힐의 소황병산에서 출발하여 노인봉 방향으로 걷다가 바로 좌측으로 내려가는 완만한 코스이다.

계곡의 모습이 마치 잠자는 개를 닮아서 개자니골이라 이름 붙여진 이 코스 하부의 개자니계곡은 수량이 풍부하고 물이 맑은 명경지수에 버금가는 계곡으로 삼양라운드힐의 계사골, 선자령 가시머리의 재궁골, 장군바위 백일평 계곡과 함께 대관령의 4대 계곡 물길트레킹 코스 중의 하나로 불려지며, 여름철 계곡 물길트레킹 코스로 각광을 받고 있는 곳이다.

계곡 물길을 거슬러 오르는 물길트레킹은 여름철 시원한 계곡을 거슬러 오르며 시원한 물길을 온몸으로 맞는 특별한 즐거움이 있다.

안개자니를 거쳐서 거리개자니까지 내려가는 이 구간은 특별보호구역으로 지정되어 있는 비법정 탐방 구간이어서 대관령 두메길의 전문가이드의 지원을 받아야 한다.

여름철에는 반대로 병내리 '노인봉 민박'에서 출발하여 소황병산을 향해 오르는 개자니골 계곡 물길 트레킹 코스를 추천한다.

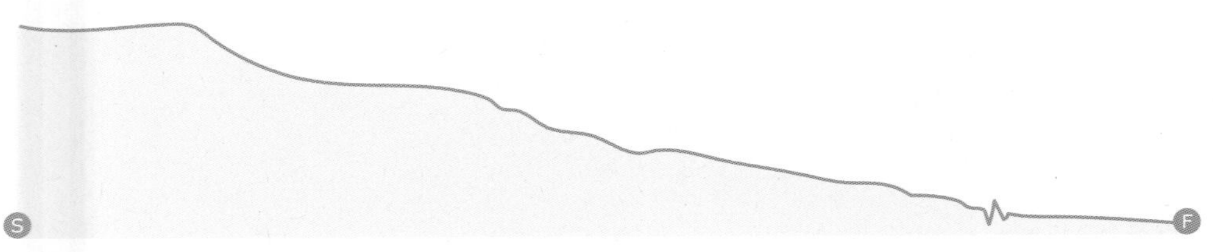

진고개휴게소
통제구간
6
거리개자니
도착
병내리

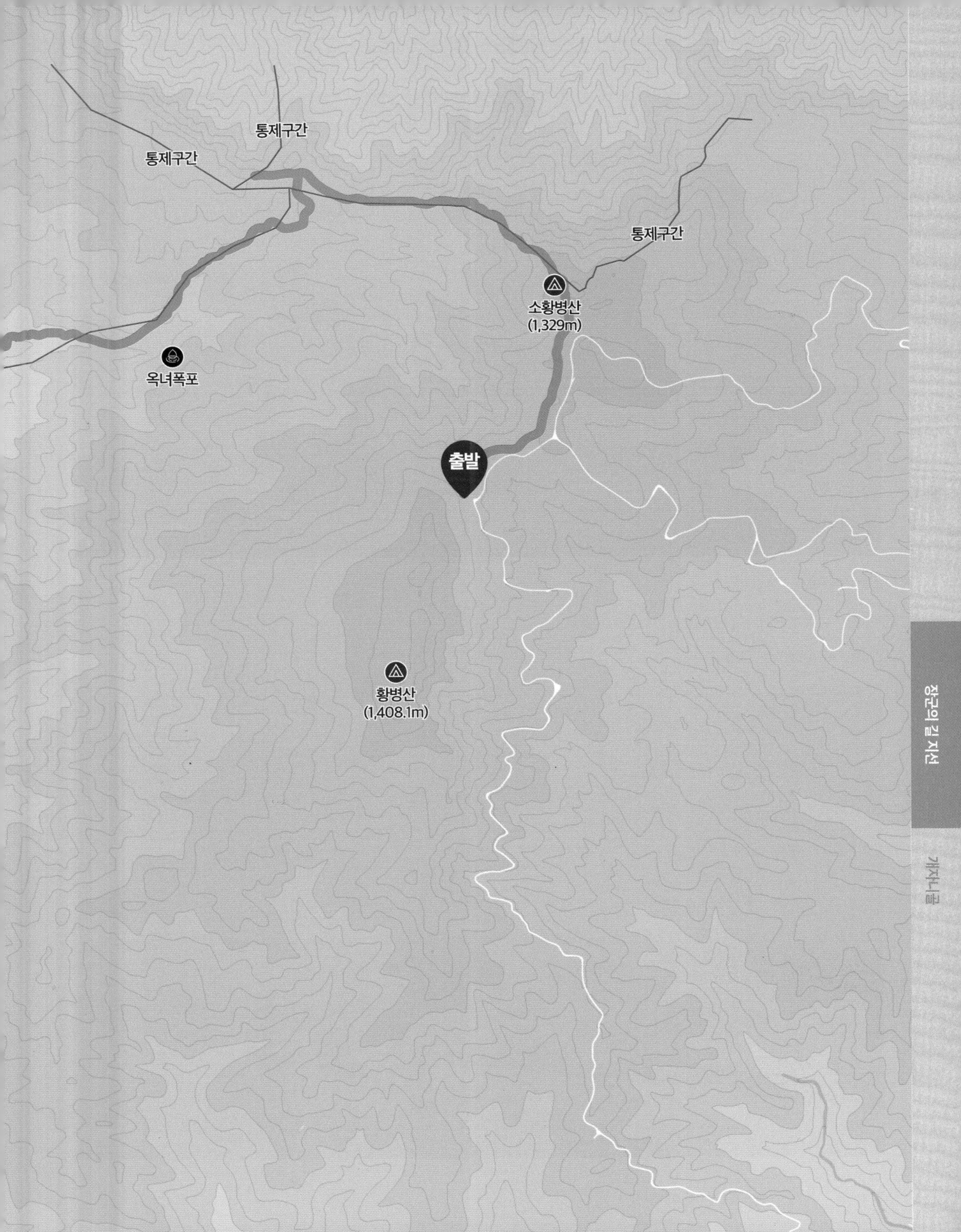
통제구간
통제구간
통제구간
소황병산
(1,329m)
옥녀폭포
출발
황병산
(1,408.1m)

소황병산의 여름

소황병산에서 바라본 대관령 전경

여름 계곡 물길트레킹

개자니골 입구의 노인봉민박

장군의 길 지선

개자니골

여름 계곡 물길트레킹

장군바위산

원시림을
산행할 수 있는
코스

위치

- 강원 평창군 대관령면 유천리 479-3
(숫돌골 입구)
- 강원 평창군 대관령면 유천리 산1
(장군바위산)
- 강원 평창군 대관령면 유천리 25-6
(높은다리골 입구)

거리 및 시간

10.6km, 총 소요시간 5~6시간

코스 난이도

준비물

코스

숫돌골→대원사삼거리→병내리갈림길→장군바위정상→높은다리골→숫돌골입구[10.6km]

교통편

출발지와 도착지가 동일해 숫돌골입구 부근 적당한 곳에 주차하면 된다.

숫돌골에서 출발하여 유천리 장군바위산과 높은다리골을 경유하여 다시 숫돌골로 돌아오는 환상코스로 사람들이 많이 다니지 않아 원시림 그대로의 숲길을 여유롭게 걸을 수 있는 길이다.

산 정상 부근에서 천 년 동안 누워 잠자던 전설의 장군을 닮은 잘 생긴 장군바위를 볼 수 있다.

대체로 평이한 길이어서 대관령 두메길의 노란 리본을 따라가면 어렵지 않게 산행이 가능한 코스이지만 장군바위 부근에는 밧줄을 붙잡고 내려와야 하는 구간이 있으므로 주의가 필요하다.

장군바위
(1,142.3m)
통제구간
통제구간
통제구간
높은다리
456
50
유천2리
마을회관
도착
출발
한국타이어

장군바위기도도량

4km 숫 돌 골
0.8km 장 군 바 위
높은다리 2.2km
장군바위산정상
1140m

장군바위정상

병내리길

자연 그대로를
간직한 전형적인
산골마을 풍경

위치

- 강원 평창군 대관령면 유천리 479-3
(숫돌골 입구)
- 강원 평창군 진부면 간평리 58-2
(자생식물원 입구)

거리 및 시간

6.6km, 총 소요시간 3~4시간

코스 난이도

준비물

코스

숫돌골 입구→대원사삼거리→장군바위(간평/병내리)삼거리→병내리 한국자생식물원입구[6.6km]

교통편

출발지와 도착지가 달라 숫돌골 근처에 주차해야 하며, 산행 종료 시에는 카카오택시를 타고 주차한 곳으로 돌아와야 한다.

평창군 병내리는 자연 그대로를 간직한 전형적인 산골 마을이다.

들머리 숫돌골에서 출발하여 대원사삼거리를 경유, 간평/병내리 삼거리에서 좌측 방향으로 진입하여 대관령 두메길 노란리본을 따라간다.

이후 병내리 산골마을을 거쳐서 한국자생식물원입구까지 가는 코스로 이어지는데, 이 길은 예전 주문진에서 진부로 가는 어물전 보부상길의 일부분이기도 하다.

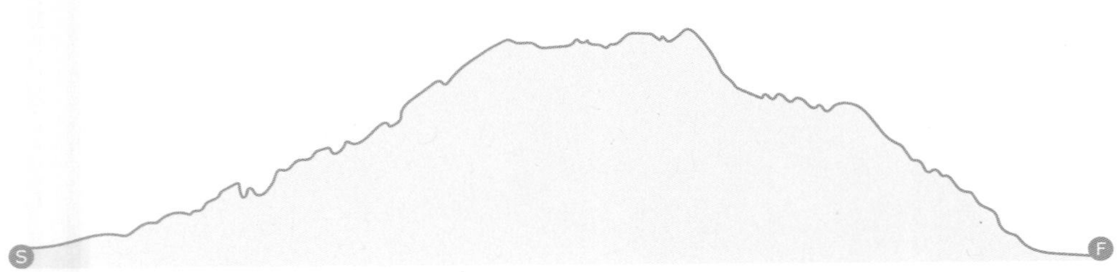

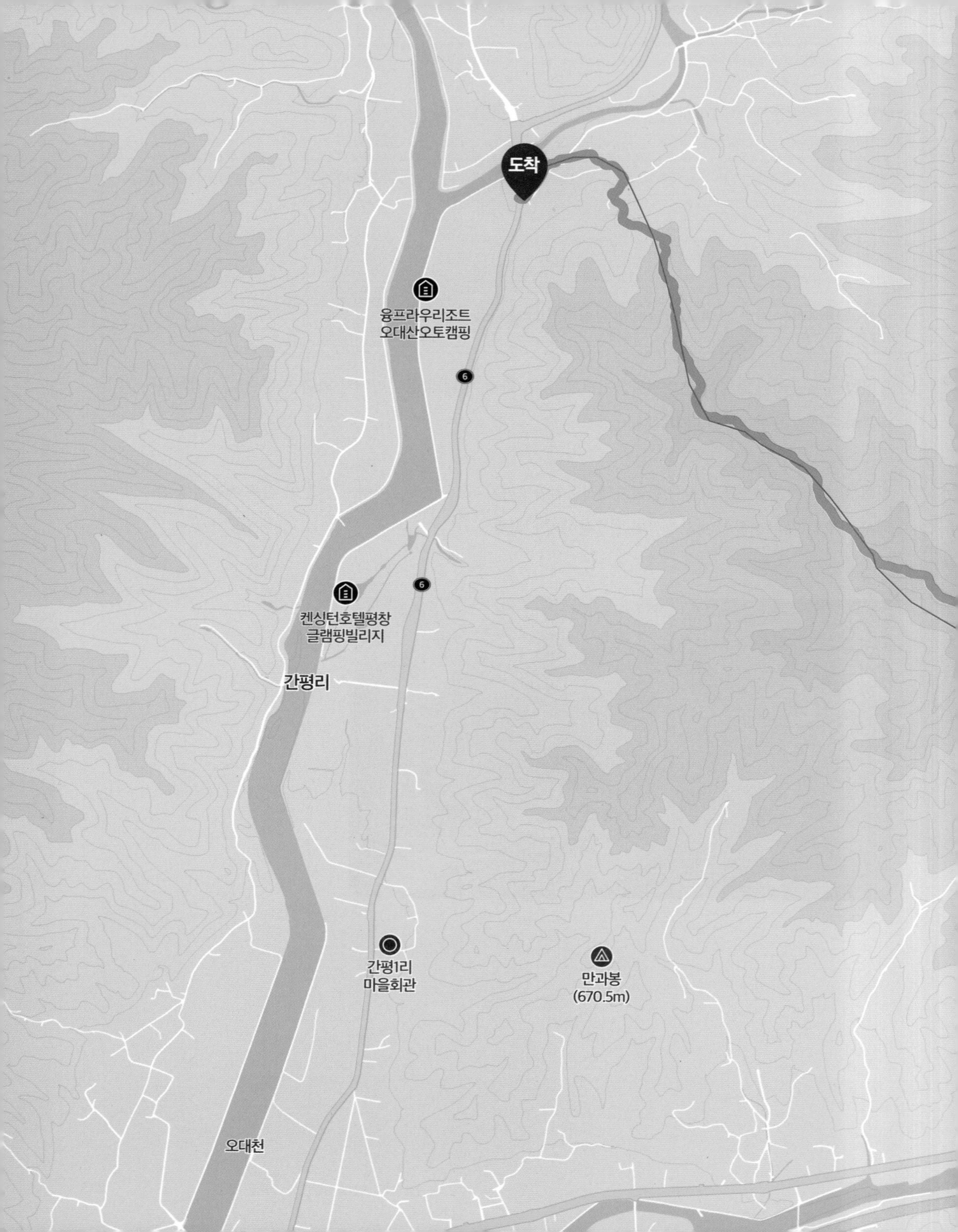

도착
융프라우리조트
오대산오토캠핑
6
6
켄싱턴호텔평창
글램핑빌리지
간평리
간평1리
마을회관
만과봉
(670.5m)
오대천

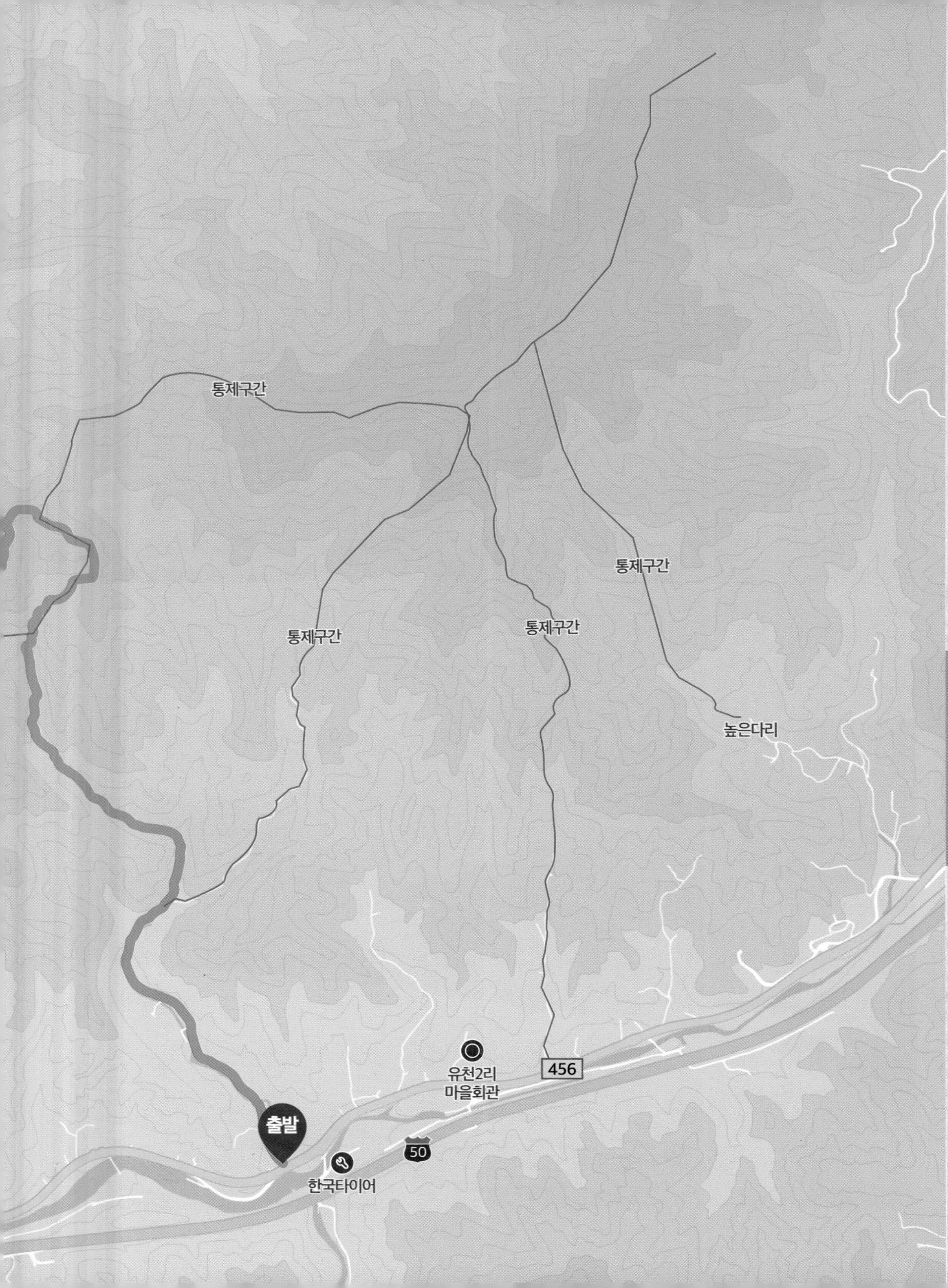

통제구간
통제구간
통제구간
통제구간
높은다리
456
유천2리
마을회관
출발
50
한국타이어

숫돌골 입구

숫돌골 오르는 길

병내리 갈림길

자생식물원 입구

대원사와 장군바위 갈림길

왕의 길
지선

된봉

칼산 1

칼산2 - 인형박물관

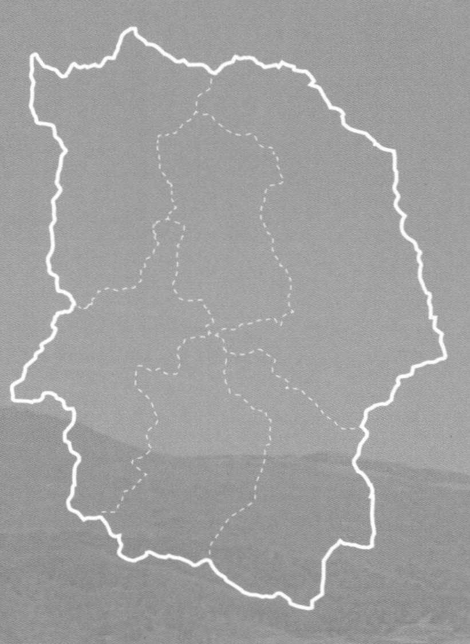

소황병산에서 바라본 삼양라운드힐과 동해바다

된봉

횡계 시내 출발,
원시적인
숲길 산행 코스

위치
강원 평창군 대관령면 차항리 산146-9
(싸리재)

거리 및 시간
9.3km, 총 소요시간 4-5시간

코스 난이도

준비물

코스
올림픽프라자광장→관광안내소[1.3km]→복닥골_군사훈련장소[2.6km]→된봉정상[3.2km] →
싸리재[4.7km]→ 관광안내소[7.9km]→올림픽프라자광장[9.3km]

교통편
올림픽프라자광장에 주차하고 다녀오는 원점회귀코스이다.

장군이 나라를 통일하기 위한 준비를 하면서 때가 되기를 기다린다는 전설을 가지고 있는 된봉은 대관령면 한복판에 위치한 낮은 봉우리로 횡계시내 올림픽프라자광장에서 걸어서 접근 가능하며 조용하면서도 원시적인 숲길을 여유롭게 걸어볼 수 있는 가벼운 등산 코스이다.

전체 코스는 9.3Km로 조금 긴 편이어서 관광 안내소에 주차하고 왕복으로 다녀오면 시간과 거리를 모두 단축할 수도 있다.

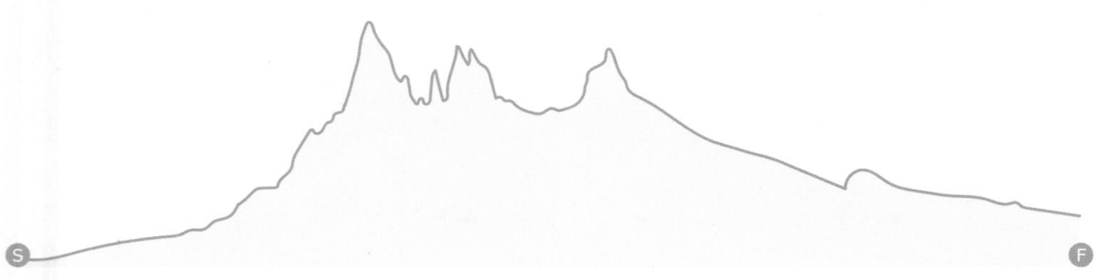

왕의 길 지선

된봉

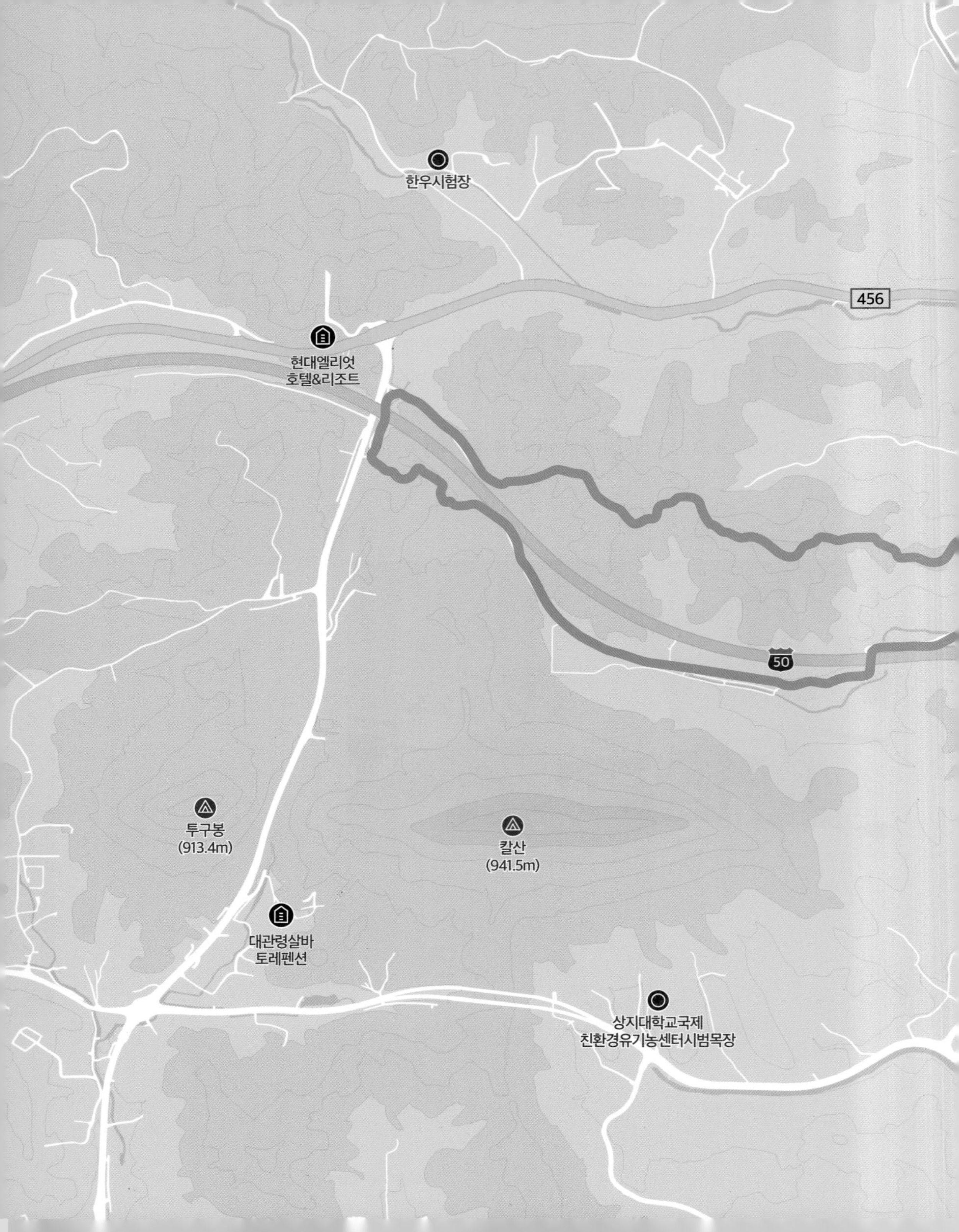
한우시험장
456
현대엘리엇
호텔&리조트
50
투구봉
(913.4m)
칼산
(941.5m)
대관령살바
토레펜션
상지대학교국제
친환경유기농센터시범목장

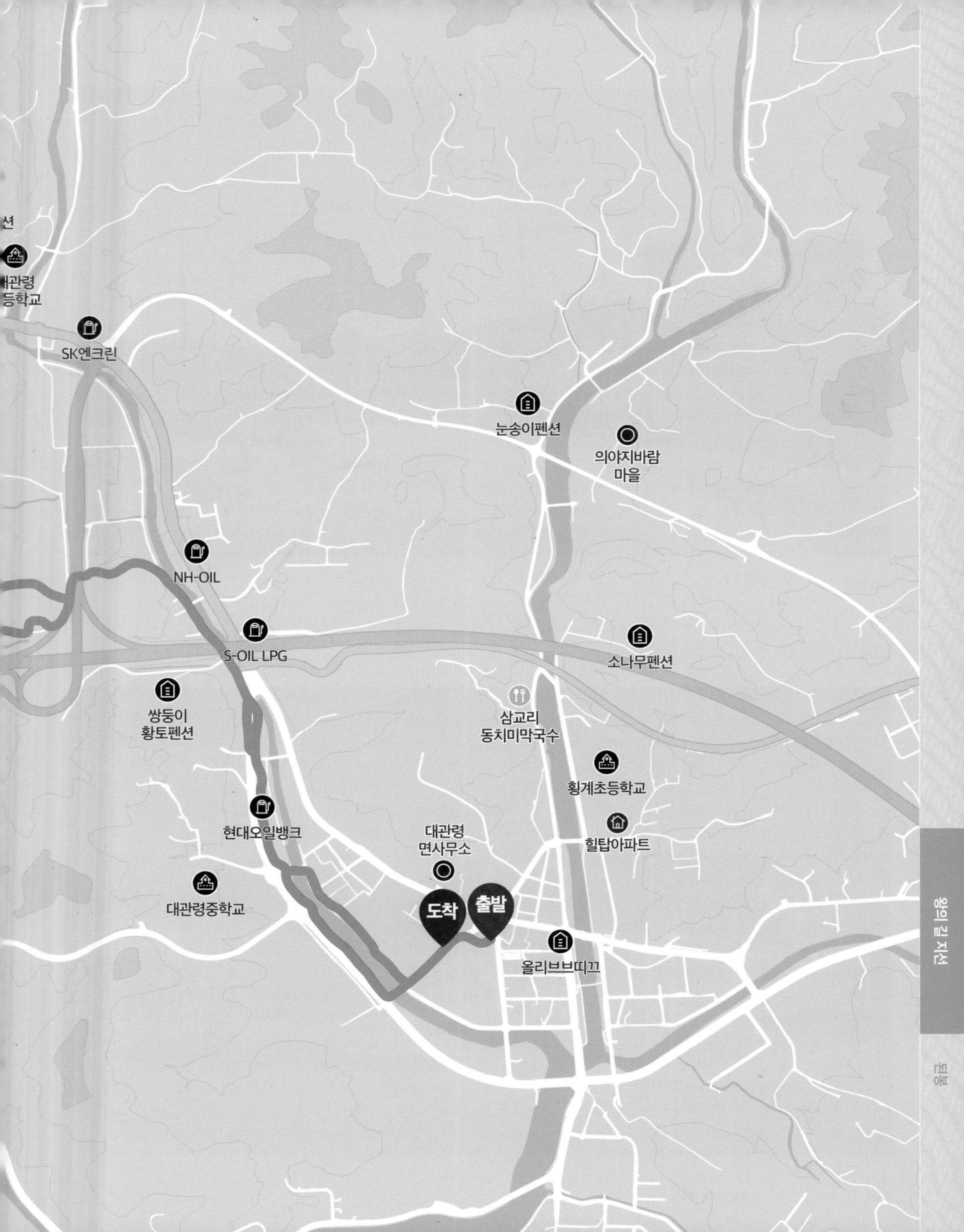

션
대관령
등학교
SK엔크린
눈송이펜션
의야지바람
마을
NH-OIL
S-OIL LPG
소나무펜션
쌍둥이
황토펜션
삼교리
동치미막국수
횡계초등학교
현대오일뱅크
대관령
면사무소
힐탑아파트
대관령중학교
도착
출발
올리브브띠끄

된봉 입구

싸리재

칼산 1

겨울철
은빛 슬로프와
대관령 시내
전체 조망

위치
- 강원 평창군 올림픽로 26-11 (쉐모아아파트)
- 강원 평창군 대관령면 수하리 산121-1 (칼산)
- 강원 평창군 대관령면 솔봉로 117 (칼산변전소)

거리 및 시간
4.4km, 총 소요시간 2~3시간

코스 난이도

준비물

코스

올림픽프라자광장→쉐모아아파트[1.0km]→칼산정상[3.2km]→솔봉재_올림픽변전소[4.4km]

교통편

올림픽프라자광장에 주차하고 출발하고 산행이 종료되면 카카오택시나 콜택시를 이용해야한다.
횡계 콜택시 033-335-5596)

칼산은 횡계 시내의 쉐모아아파트 뒤편 주차장에 주차를 하고 출발할 수 있어 비교적 접근이 쉬운 코스이며 산행 초입의 소나무 군락지가 잘 조성되어 있다.

특히 출발지인 쉐모아아파트 입구부터 맨발 걷기 트레킹코스가 있어서 중간중간 벤치에 쉬어가면서 맨발 트레킹도 가능하여 인근 마을 주민들의 산책코스로도 사랑을 받고 있다.

칼산 정상에 서면 좌측으로는 멀리 발왕산 아래 용평리조트스키장 레인보우코스를 볼 수 있어 겨울철에는 은빛 슬로프의 멋진 조망이 가능하고 우측으로는 황병산과 함께 대관령의 시내 전체 풍광을 감상할 수 있다. 칼산 정상까지 갔다가 원점회귀할 수도 있다.

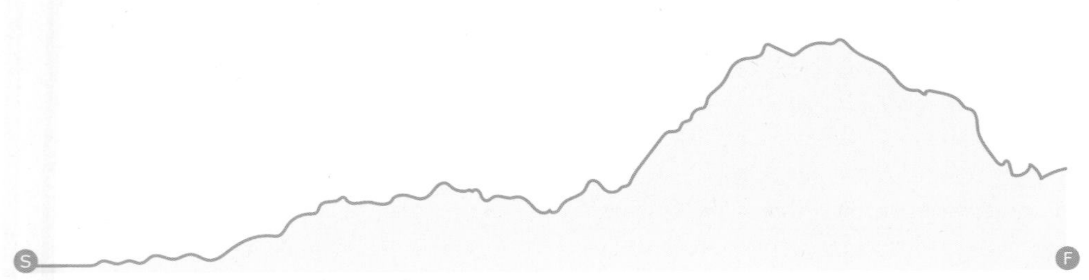

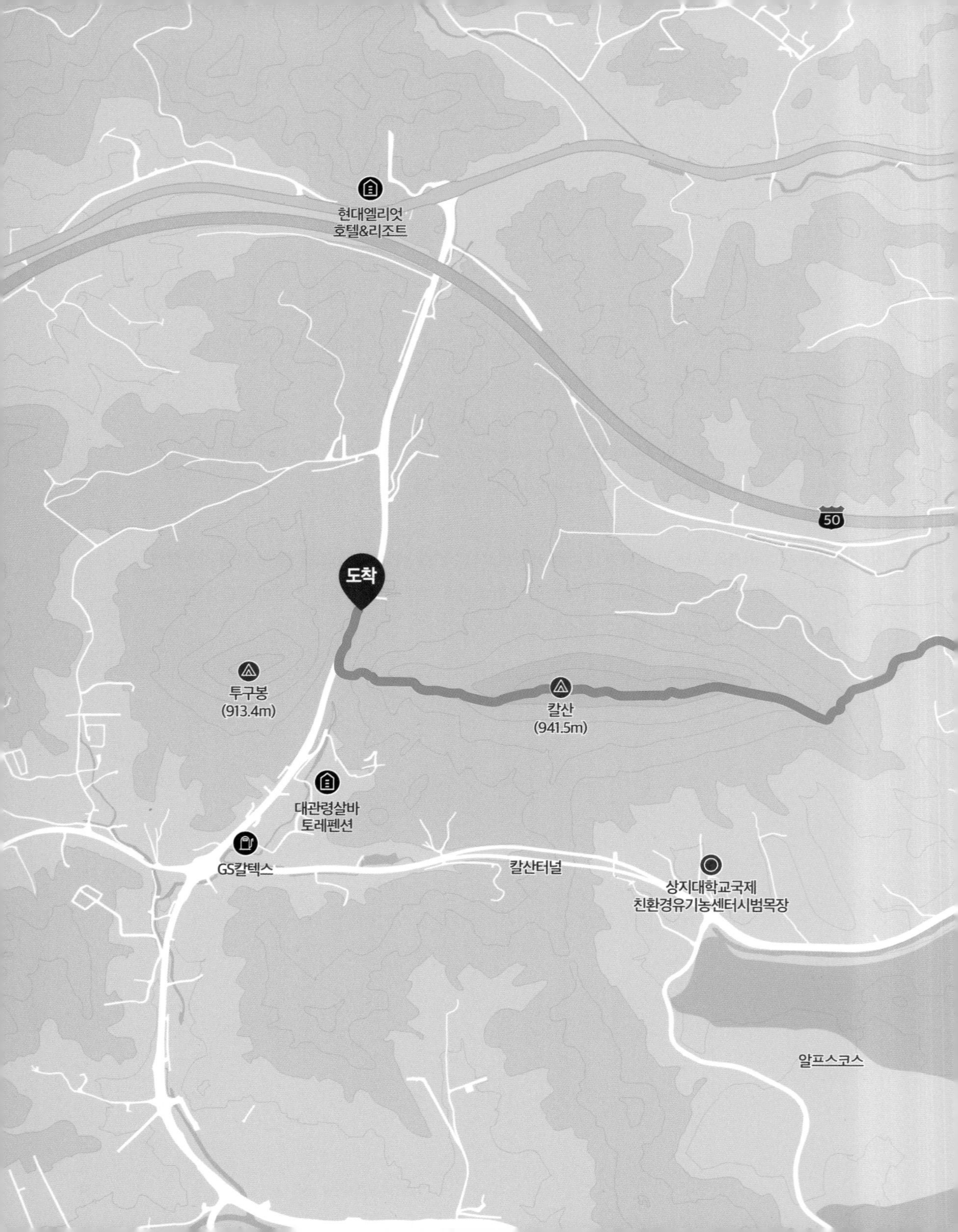
현대엘리엇
호텔&리조트
50
도착
투구봉
(913.4m)
칼산
(941.5m)
대관령살바
토레펜션
GS칼텍스
칼산터널
상지대학교국제
친환경유기농센터시범목장
알프스코스

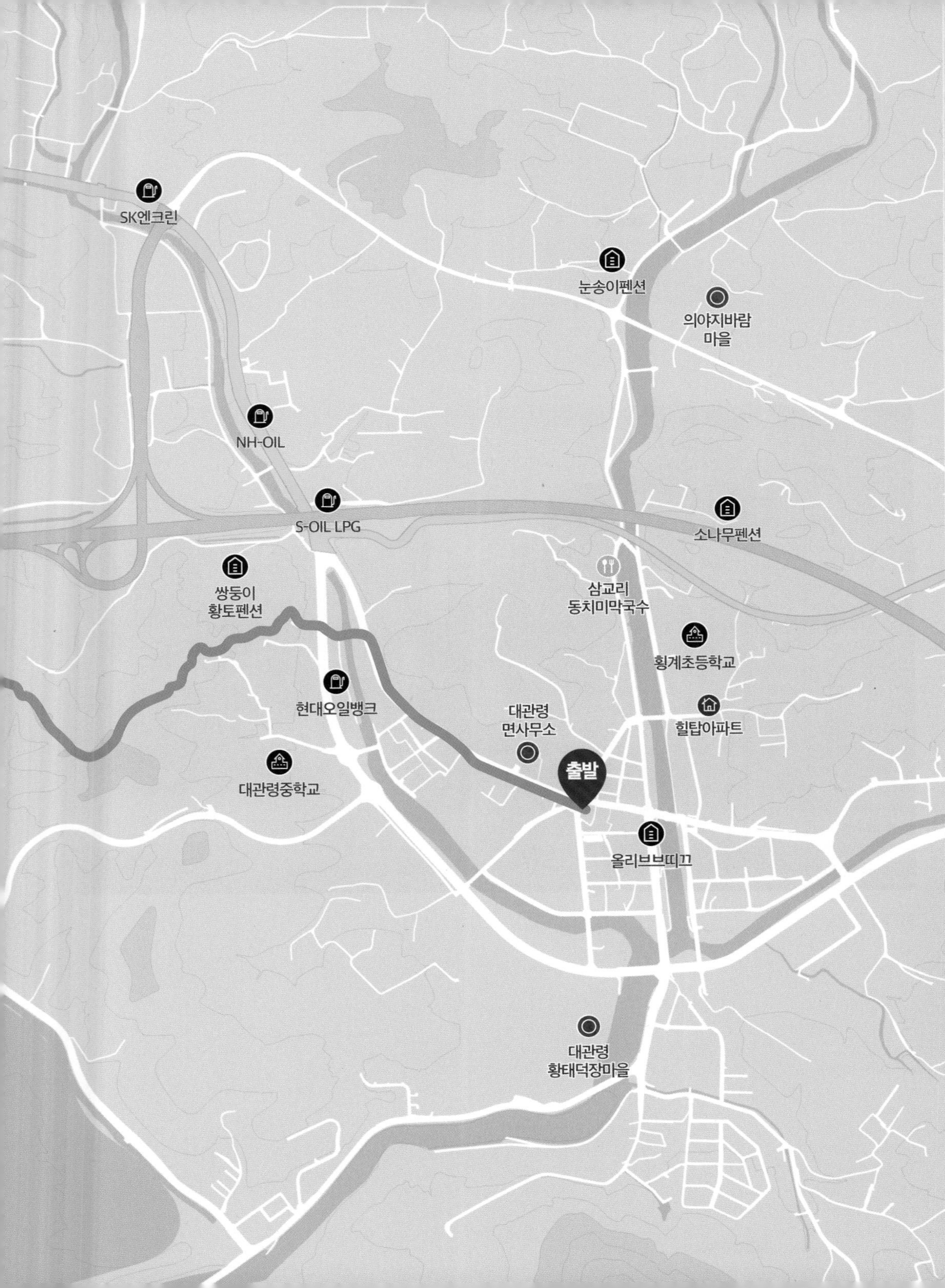

SK엔크린
눈송이펜션
의야지바람 마을
NH-OIL
S-OIL LPG
소나무펜션
쌍둥이 황토펜션
삼교리 동치미막국수
횡계초등학교
현대오일뱅크
대관령 면사무소
힐탑아파트
출발
대관령중학교
올리브브띠끄
대관령 황태덕장마을

칼산 정상

칼산 등산 안내도

칼산 맨발걷기 코스

칼산 맨발걷기 코스

칼산 2

알프스 느낌의
대관령
실체 조망

위치
- 강원 평창군 대관령면 수하리 산121-1 (칼산)
- 강원 평창군 대관령면 스포츠파크길 135 (스키점프대 전망대)
- 강원 평창군 솔봉로 296 (비엔나인형박물관)

거리 및 시간
7.1km, 총 소요시간 3~4시간

코스 난이도

준비물

코스

올림픽프라자광장→쉐모아[3.1km] →칼산정상[3.0km] →삼거리[3.5km]→스키점프대[5.3km]→알펜시아콘서트홀[5.8km] →티롤빌리지 인형박물관[7.1km]

교통편

올림픽프라자광장에 주차하고 출발하고 산행이 종료되면 카카오택시나 콜택시를 이용해야한다.

횡계 콜택시 033-335-5596

대관령의 중심에 서서 대관령의 실체를 볼 수 있는 매우 여유롭고 한적한 코스로 특히 칼산 능선에서 바라보는 좌우 풍광은 마치 유럽의 알프스를 보는 듯한 이국적인 느낌을 준다.

하산 시 트레킹 종점인 용산리 티롤빌리지에서 비엔나인형박물관을 잠시 둘러볼 수 있고 주변에 식당이 많아 다양한 음식을 즐길 수 있다.

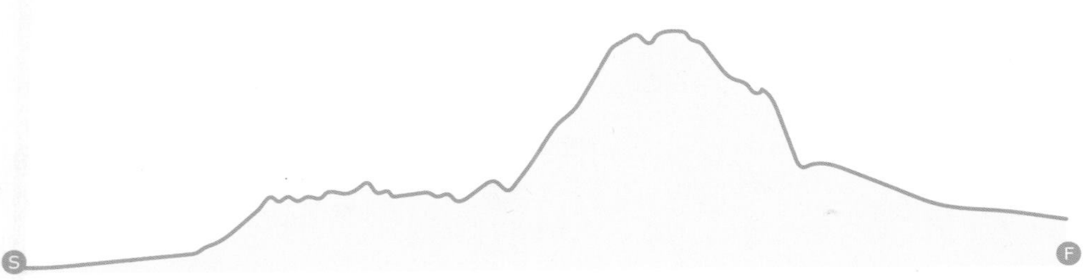

50
투구봉
(913.4m)
칼산
(941.5m)
대관령살바
토레펜션
GS칼텍스
칼산터널
상지대학교국제
친환경유기농센터시범목장
용산터널
알프스코스
도착
알펜시아
스타디움
알펜힐
납작골천
알펜시아리조트
오션700
워터파크
아이원리조트
알펜시아리조트
스키장
레이크코스

눈송이펜션
의야지바람
마을
NH-OIL
S-OIL LPG
소나무펜션
쌍둥이
황토펜션
삼교리
동치미막국수
구름물리
선도센터
횡계초등학교
현대오일뱅크
대관령
면사무소
힐탑아파트
대관령중학교
출발
올리브브띠끄
용평동보
아파트
대관령
황태덕장마을
렌시아리조트
렌시아700GC
평창라마다
호텔&스위트
평창올림픽
선수촌아파트
버치힐
컨트리클럽
스노우밸리

칼산 정상

평화의길 지선

달판재

용산 1

용산 2

소황병산에서 바라본 삼양라운드힐과 동해바다

달판재

2018
동계올림픽
경기장 경유

위치

- 강원 평창군 올림픽로 395
(평창돔체육관)
- 강원 평창군 스포츠파크길 135
(스키역사관)
- 강원 평창군 스포츠파크길 160
(알펜시아 크로스컨트리센터)
- 강원 평창군 스포츠파크길 199
(알펜시아 바이애슬론센터)

거리 및 시간

9.3km, 총 소요시간 3~4시간

코스 난이도

준비물

코스

올림픽프라자광장→지르메마을[0.9km] →평창돔[3.2km] →버치힐삼거리[3.8km]→달판재 경유→스키점프대[6.9km]→스키 박물관→크로스컨트리, 바이애슬론 경기장[9.3km]

교통편

출발지와 도착지가 달라서 산행이 종료되면 카카오택시나 콜택시를 이용해 올림픽프라자광장으로 돌아오거나 도로를 따라 올림픽프라자광장까지 그냥 걸어 보아도 좋은 코스이다.

올림픽프라광장에서 출발하는 달판재 구간은 지르메산과 함께 60년대 초에 스키장으로 사용되었던 역사적인 장소로 횡계 시내에서 송천강을 따라 버치힐 방향으로 해서 쉽게 접근 가능하다.

겨울철이 되면 산행 중에 가끔 동화 속에서 본 듯한 멧돼지 사냥 포수도 만나는 행운을 누릴 수도 있다.

주변 알펜시아 파크에서는 우리나라 유일의 국제규격을 갖춘 스키점프대와 크로스컨트리, 바이애슬론 경기장 등 2018 평창 동계올림픽 유산 시설을 둘러볼 수 있다.

차량통행이 아주 드물어 하계에는 자전거 라이딩 훈련코스로 각광을 받는 이곳은 동계에는 스키점프, 크로스컨트리 등 각종 대회가 개최되어 선수들의 훈련하는 모습과 대회를 쉽게 관전할 수 있으며, 크로스컨트리 경기장은 일반인들에게도 개방하여 크로스컨트리를 배우려는 지역 주민들에게 큰 호응을 얻고 있다.

스키점프대 입구에는 우리나라 스키 역사를 흥미롭게 들여다볼 수 있는 스키역사박물관이 있고, 카페로 운영되는 스키점프대 라운지에 오르면 알펜시아와 대관령 일대의 탁트인 풍광을 360도로 조망할 수 있다.

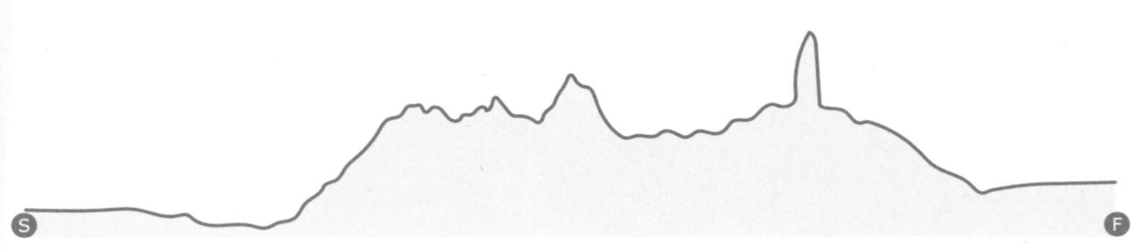

칼산
(941.5m)
칼산터널
상지대학교국제
친환경유기농센터시범목장
알프스코스
도착
알펜시아
스타디움
알펜시아리조트
알펜시아700GC
아시아코스
알펜시아리조트
알펜시아리조트
스키장
오션700
워터파크
아이원리조트

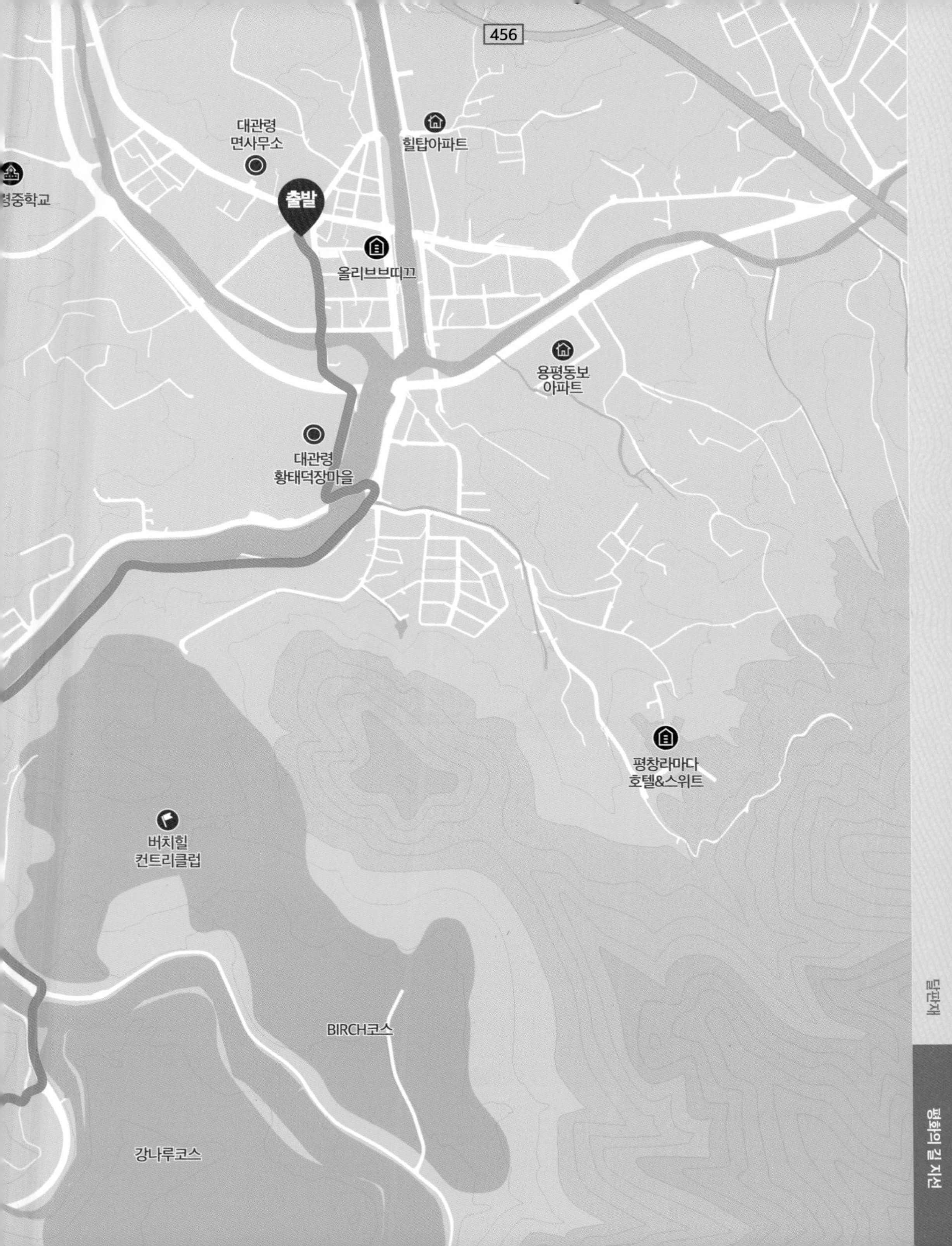
456
대관령
면사무소
힐탑아파트
평중학교
출발
올리브브띠끄
용평동보
아파트
대관령
황태덕장마을
평창라마다
호텔&스위트
버치힐
컨트리클럽
BIRCH코스
강나루코스

올림픽 메달 플라자 광장

달판재 구간

크로스컨트리 경기장

알펜시아 스키점프대

크로스컨트리 대회 모습

용산 1

알펜시아리조트 둘레 산행

위치

- 강원 평창군 대관령면 용산리 157-24(알펜시아생태탐방로입구)
- 강원 평창군 대관령면 용산리 438-48 (스키장스카힐라운지)
- 강원 평창군 대관령면 용산리 산174 (용산)

거리 및 시간

9.2km, 총 소요시간 4-5시간

코스 난이도

준비물

코스
알펜시아콘서트홀(생태탐방로입구)→스키슬로프정상[1.3km]→에스테이트삼거리[2.7km]→
용산 정상[4.1km] →투룬골프장정문[9.2km]

교통편
용산의 첫번째 코스는 알펜시아리조트오션700에 주차하고 콘서트홀 근처에 있는 생태탐방로에서 시작하며 투룬골프장입구에서 종료된다.

황병지맥 구간이며 대관령 14좌 중 막내인 용산(1,028m)을 올랐다가 용산1리 마을 회관으로 내려오는 코스이다.

알펜시아리조트 내의 콘서트홀 생태탐방로 입구에서 출발하여 행운의 777계단을 따라 올라 알펜시아스키장 스카힐라운지 정상을 경유하게 되는데, 이곳에서는 알펜시아리조트의 전경은 물론 선자령과 삼양목장 일대 등 수려한 자연과 어우러진 아름다운 풍광을 조망할 수 있다.

용산정상까지는 다소 경사가 있지만 누구나 쉽게 오를 수 있는 구간이다. 소나무 숲이 울창한 능선길에 때때로 멧돼지가 출몰하기도 하여 주의가 필요하다.

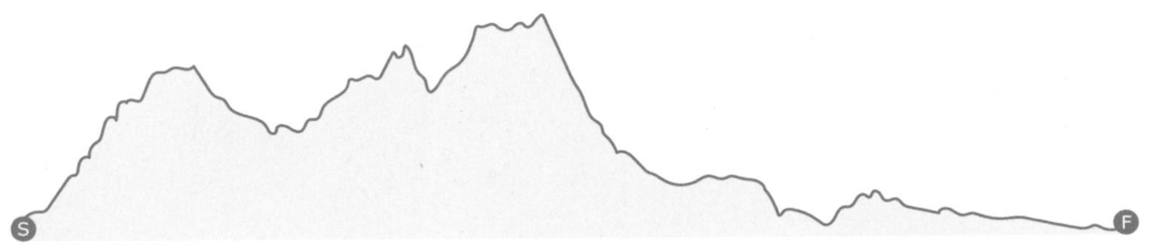

메도우코스
레이크
용산
(1,027.8m)

도착
알펜힐
납작골천
알펜시아
스타디움
알펜시아리조트
오션700
워터파크
출발
아이원리조트
알펜시아리조트
스키장
ALPHA(초급)
DELTA(상급)
FOXTROT(최상급)
BRAVO(초중급)
알펜시아
트룬컨트리클럽
코스
모나용평
발왕산관광
케이블카
용평산림욕장
용산리

777계단

에스테이트삼거리

생태탐방로 입구

용산 정상

알펜시아 스키 슬로프 정상

용산 2

알펜시아리조트
골프장
외곽 둘레
산행

위치

- 강원 평창군 큰터길 19
  (큰터성결교회)
- 강원 평창군 대관령면 용산리
  438-48 (스키장스카힐라운지)
- 강원 평창군 대관령면 용산리
  157-24(알펜시아생태탐방로입구)

거리 및 시간

8.8km, 총 소요시간 3~4시간

코스 난이도

준비물

코스

큰터교회→삼거리[3.1km]→등산로입구[4.4km]→스키슬로프 정상[6.5km]→생태탐방로입구[7.8km] →알펜시아골프리조트[8.8km]

교통편

큰터교회에 주차하고 다녀오는 원점 회귀코스이다.

용산의 두 번째 코스로 용산1리 마을회관에 주차하고 근처에 있는 큰터교회에서 출발해서 알펜시아골프장 외곽을 돌아 용산 방향으로 올랐다가 알펜시아스키장을 경유하여 다시 큰터교회로 원점 회귀한다.

골프장 외곽에서 용산으로 오를 때 다소 급경사가 있지만 길이가 짧아서 누구나 쉽게 다녀올 수 있다. 알펜시아스키장 시즌이 끝나는 3월에는 슬로프에 잔설이 남아 있어 알펜시아스키장 정상 라운지에서부터 슬로프를 따라 엉덩이 썰매를 신나게 타며 내려오는 재미가 있다.

겨울철 눈이 많이 내리면 투룬 골프장 외곽길의 나무 사이사이를 따라 올라 알펜시아스키장 슬로프를 타고 내려오는 산악스키를 즐길 수 있는 코스이기도 하다.

골프장 입구 근처의 오스트리아를 닮은 유럽풍의 예쁜 마을 티롤빌리지에 있는 여러 식당에서 산행 후 식사가 가능하며, 티롤빌리지 내에 있는 평창군 유일의 비엔나인형박물관을 둘러보는 것도 좋다.

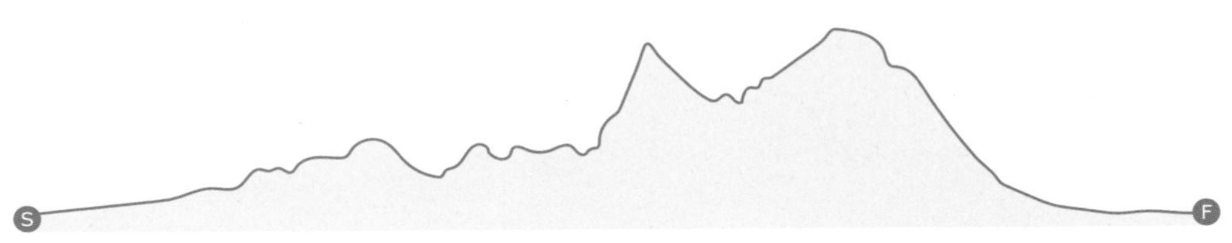

국가대표펜션
알펜
메도우코스
레이크코스
포레스트코스

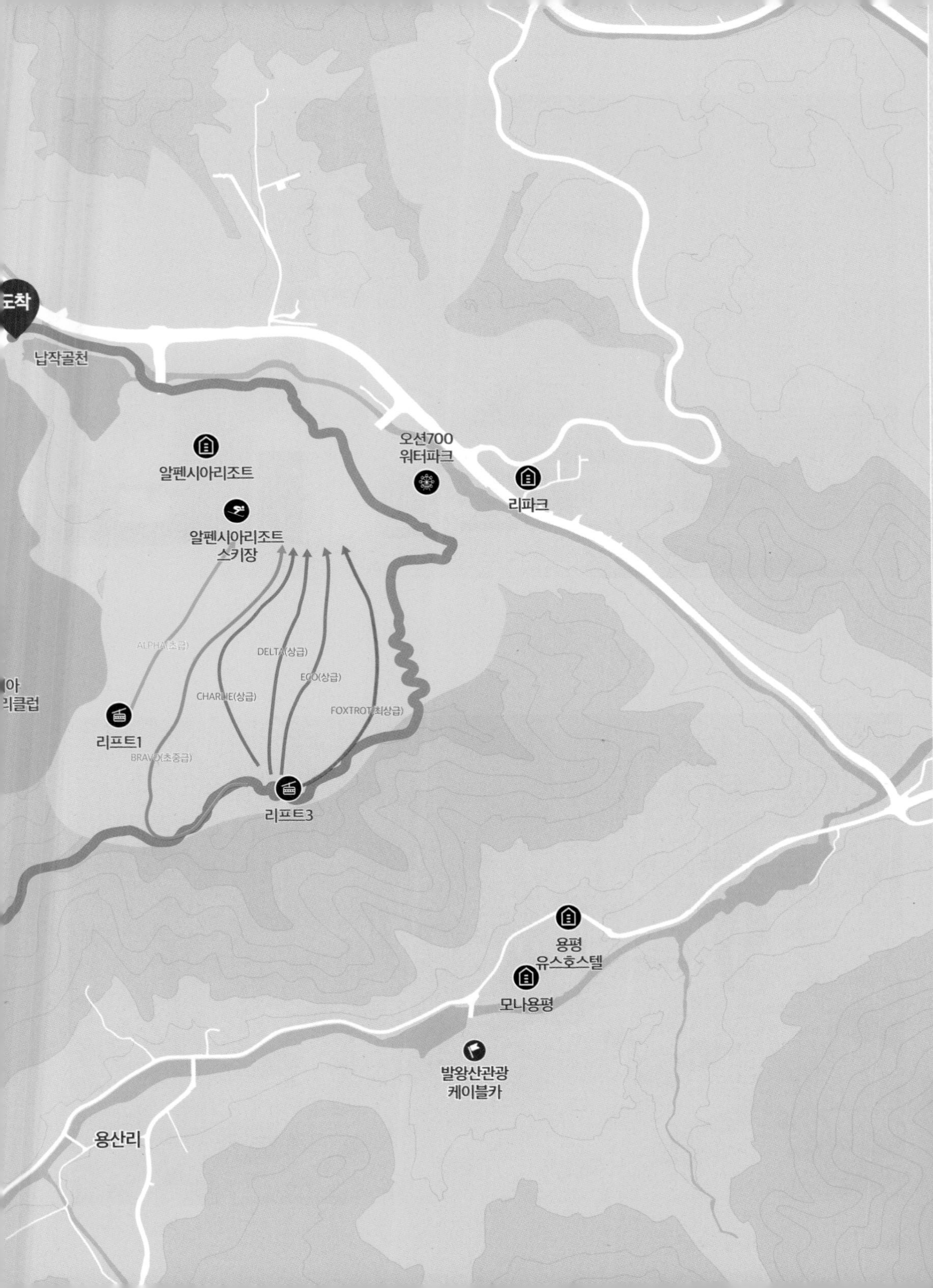

도착
납작골천
알펜시아리조트
알펜시아리조트 스키장
오션700 워터파크
리파크
ALPHA(초급)
BRAVO(초중급)
CHARLIE(상급)
DELTA(상급)
ECO(상급)
FOXTROT(최상급)
리프트1
리프트3
용평 유스호스텔
모나용평
발왕산관광 케이블카
용산리

큰터교회

큰터교회

올림픽 둘레길
Olympic Dulregil
에스테이트·정문
ESTATE FRONT GATE
1.9 km

알펜시아스키장 슬로프 주변의 산악스키

알펜시아스키장 슬로프에서의 엉덩이 썰매

알펜시아 스키장 정상에서의 하산

대관령 두메길

2024년 11월 4일 초판 1쇄 발행

발행인 사단법인 대관령 두메길
발행처 (우) 25348 강원특별자치도 평창군 대관령면 솔봉로 296 티롤빌리지
전화 010.5212.7502
홈페이지 http://doomegil.com
이메일 lgchlim@naver.com
디자인 디자인악셀

펴낸곳 도서출판 생각나눔
출판등록 제 2018-000288호
주소 경기도 고양시 덕양구 청초로 66, 덕은리버워크 B동 1708, 1709호
전화 02-325-5100
팩스 02-325-5101
홈페이지 www.생각나눔.kr
이메일 bookmain@think-book.com

ISBN 979-11-7048-510-0(03980)

값 18,000원